18歳からはじめる環境法

[第3版]

大塚 直 編 *Otsuka Tadashi*

法律文化社

第3版はしがき

　第2版から6年が過ぎ、その後の環境法の発展を踏まえて第3版を上梓することになった。この6年間に大きな環境立法の動きは少ないが、気候変動、再生可能エネルギー、循環経済、アスベストによる大気汚染、生物多様性などで変化が見られる。社会では持続可能な発展目標（SDGs）に関する運動やESGが盛り上がりを見せてきた。わかりやすさを追求する本書の試みは一定程度成功しているようであるが、本書が社会での環境法に対する関心を深めるために少しでも役立つことを祈念している。

　本書の改訂にあたっては、編集部の八木達也さんに大変お世話になった。ここに深甚の感謝を申し上げたい。

　2024年8月

編者　大塚　直

初版はしがき

　2011年3月11日の東日本大震災は、福島第1原発事故を伴い、わが国の歴史の転換点となった。1960年代から始まる公害・環境法の歴史にも時代の区切りを認識させることとなった。それは特に3つの意味においてである。

　第1は、不確実なリスクに対して予防的措置を常に怠るべきでないことを身をもって知らされたことである。その前提にはわが国が有数の地震国であることがある。従来、いわゆる予防原則に原発が適用されるとは必ずしも考えられてこなかった面があり、今般の事故はその問題点を痛烈に浮き彫りにすることとなった。

　第2に、放射性物質の大量放出は、最大級の環境破壊となってしまい、わが国がようやく環境先進国の一員と言えるようになった状態をまさにひっくり返した。放射性物質に汚染された廃棄物の処理、土壌の除去等は今後何十年もかかる課題であるし、放射性物質による健康被害が生ずる可能性も否定できない。1960年代からの公害・環境問題への対策を上回るような対応が必要となっているのである。

　第3に、原発は従来温暖化対策の1つとされてきた面があり、また、わが国のエネルギーの安定供給においても一定の役割を果たしてきた。しかし、今般の事故を契機として――その速度については議論はあるものの――脱（減）原発に向けて大きく舵を取り直さなければならなくなったのである。とはいえ、化石燃料への傾斜は温暖化を促進してしまうし、わが国の貿易赤字を拡大するものでもあり、一時的なものに留めざるを得ない。再生可能エネルギーは温暖化対策にもなり国産エネルギーとしての意義も有するが、従来り電力体制で系統の連系が弱かったわが国では連系の強化をはじめとして種々の対策をとらなければならない。そうした中、わが国の持続可能な発展をどのように追求するかも大きな課題となっている。

　本書はこのような歴史的転換点にあるわが国において、大人として扱われる直前にある諸君に、これから生きていく上で避けては通れない環境問題について、どのような問題点があり、それを法はどのように解決してきたか、解決しようとしているかを知ってもらうことを目的としている。編集会議において議論が闘わされ、「わかりやすさ」が追求されるとともに、内容のレベルは必ずしも初級段階にはとどめられないこととなった。環境法の重要な骨格が提示されるとともに、現代的課題も扱われている。本書は大学の教科書としての利用を想定しているが、法学部生だけでなく、他の学部の大学生やさらに高校を卒業して社会人となった18歳以上の方にも読んでもらえるよう努めたつもりである。本書が環境法について関心をもつきっかけとなることを心から期待している。

　本書の編集については、企画段階から、法律文化社編集部の小西英央さんに大変お世話になった。ここにあらためて御礼を申し上げたい。

　2013年3月

編者　大塚　直

目 次

第3版はしがき、初版はしがき

第Ⅰ部　環境法の基礎

1　日本の公害・環境問題の歩み ▶公害・環境法の歴史 …………………… 黒川哲志　2
　1　四大公害事件／2　公害対策基本法の制定／3　1970年の公害国会／4　激甚な産業公害から都市生活型公害・地球環境問題へ／5　地球サミットおよび環境基本法の制定／6　自然保護法制の変遷／7　景観の保全／8　化学物質の規制

2　環境法で問題は解決できるのか ▶環境問題と法の体系 …………………… 大塚　直　8
　1　環境問題に対する法的対応／2　環境法とは何か、どのような特色をもっているか／3　環境法の体系

3　環境法は何を目指しているか ▶環境法の理念と原則 …………………… 大塚　直　14
　1　環境基本法と環境法の理念・原則／2　社会全体の取り組みの目標としての原則：持続可能な発展原則／3　環境政策・対策の実施に関する原則：未然防止原則・予防原則／4　環境保護を主体の観点から捉えた場合の原則：環境法原則としての環境権／5　環境汚染防止等の費用負担の原則：原因者負担原則

4　誰が環境を守るのか
　▶国・地方公共団体・事業者・市民・環境NPO等それぞれの役割 …………………… 田中　謙　20
　1　環境保護の主体は、行政（国と地方公共団体）だけなのか？／2　国と地方公共団体にはどのような役割があるのか？／3　環境保護の主体として、事業者にはどのような役割があるのか？／4　環境保護の主体として、市民にはどのような役割があるのか？／5　環境NPOにはどのような役割が期待されるのか？／6　いわゆる「市民参画」は必要ないのか？

5　どのような方策で環境保護がなされるのか ▶環境政策手法論 …………………… 島村　健　26
　1　環境政策の手法とは／2　規制的手法／3　経済的手法／4　情報的手法

6　環境への影響に対する事前の評価が必要なわけ ▶環境アセスメント …………………… 勢一智子　32
　1　環境アセスメントとは：環境アセスメントがないとどうなるか？／2　環境アセスメントの制度構造：どのような制度になっているか？／3　環境アセスメントの機能メカニズム：どのように環境配慮をするのか？

7　環境紛争を解決するいくつかの方法 ▶司法・行政的手法と被害者救済 …………………… 桑原勇進　38
　1　損害賠償／2　差止め／3　公害紛争処理法／4　行政訴訟

コラム　将来の環境法と憲法 ▶18歳からはじめる一票 …………………… 藤井康博　44

第Ⅱ部　事件・現象から学ぶ環境法

8　「おいしい空気」が汚されたら生きられない▶大気汚染 ……………………………… 大坂恵里　46
　　1　日本の大気汚染の歴史／2　工場・事業場の規制・対策／3　自動車排出ガスの規制・対策／
　　4　大気汚染によって被害を受けたらどうしたらよいか？

9　「命の水」が汚されたら生きられない▶水質汚濁 ……………………………………… 奥　真美　52
　　1　水はどのような形で存在しているのか？／2　何が水を汚しているのか？／3　法律はどの
　　ように水を守ろうとしているのか？／4　地域の貴重な水源を守るために自治体はどのような取
　　り組みをしているのか？／5　水質汚濁によって被害を受けたらどうしたらよいか？

10　「母なる大地」が汚されたら生きられない▶土壌汚染 ………………………………… 大塚　直　58
　　1　土壌汚染はどのようにして問題となったのか？／2　何が土壌を汚染するのか？：土壌汚染は
　　どのようにして健康等の被害を生じるのか？／3　土壌汚染は他の公害とどう異なるか？：市街地
　　の土壌汚染に対する法律の制定が遅れたのはなぜか？／4　法律はどのように土壌の汚染を防止
　　し、土壌の汚染の除去等をしようとしているのか？／5　土壌汚染によって被害を受けつつある場
　　合、付近住民はどのような請求ができるか？

11　ゴミの管理をどうするか▶廃棄物 …………………………………………………………… 福士　明　64
　　1　ゴミの管理の現状はどうなっているか／2　ゴミの適正な処理のための法の仕組みはどう
　　なっているか／3　ゴミのリサイクルのための法の仕組みはどうなっているか／4　ゴミの管理
　　についての紛争はどのように解決されるか

12　化学物質・有害物質の取り扱いにはどういう注意が必要なのか ……………………… 小島　恵　70
　　1　身の回りに沢山ある化学物質とそのリスク／2　アスベスト禍／3　化学物質の製造から廃
　　棄まで／4　化学物質の排出移動についての情報開示：PRTR法

13　人間と自然のバランスを求めて▶自然保護 …………………………………………… 下村英嗣　76
　　1　生物多様性って何だろう？／2　生物多様性条約と生物多様性基本法／3　野生動物を保護
　　する環境法は？／4　絶滅の危機にある動植物種を保護する環境法は？／5　自然そのものを保
　　護する環境法は？／6　外来種による被害を防止するには？

14　都市の景観は誰がどうやって守るか ………………………………………………… 越智敏裕　82
　　1　景観問題とは何か／2　まちづくりに関する法と紛争／3　景観利益は法的に保護されるか／
　　4　景観保護のための法制度／5　景観保護法制における諸課題

15 地球温暖化にどうやって対処するか ……………………………………………久保田泉　88

　　1　地球温暖化とはどういう問題か／2　地球温暖化に対処するための国際制度／3　日本国内の各主体は、温暖化対策に関して、どのような役割を果たしているか／4　日本では温暖化に関してどのような紛争が起こっているか

コラム　エネルギー・環境問題と、再生可能エネルギーの位置づけ ………………大塚　直　94

第 I 部
環境法の基礎

日本の公害・環境問題の歩み
▶ 公害・環境法の歴史

> **設例** 高度経済成長期の日本は、重化学工業を中心に産業活動の拡大に邁進した。しかし、そこには公害防止や環境保全よりも経済発展を優先する考えが潜んでいた。事業活動による地域環境の汚染や破壊、その結果としての健康被害に対して、地域住民も無頓着な一面もあった。四日市市の石油化学コンビナートの煙突から出される煙に起因する四日市ぜんそく、化学工場からの有機水銀を含む排水に起因する熊本と新潟の水俣病、鉱山廃水に起因するイタイイタイ病が四大公害事件として耳目を集め、日本社会を揺るがした。また、日本社会が豊かになり都市化が進むにつれ、大量に発生するゴミの処分場所に困るようになり、自動車の排気ガスによって都市の空気が汚れ、そして、生活排水によって都市河川の多くがドブ川になって異臭を放っていた。

1 四大公害事件

　敗戦により壊滅的な打撃を受けた日本経済も、1950年代中頃から高度経済成長期に入り、鉱工業生産の拡大とともに、各地で激甚な産業公害が発生した。なかでも、悲惨で人々の注目を集めたのは、イタイイタイ病、(熊本)水俣病、新潟水俣病、四日市ぜんそくであった。これらは四大公害事件とも呼ばれ、大規模な事業所から有害な汚染物質が継続的に環境中に放出され、これによって周辺住民が生命や健康に被害を受けるという構造を有していた。
　イタイイタイ病は、富山県の神通川流域で発生したカドミウム中毒に起因する骨軟化症であり、骨がもろくなり、全身の骨が折れ、痛みのなかで衰弱死する者もいた。三井金属鉱業神岡鉱山からの鉱廃水に含まれていたカドミウムが神通川を汚染し、カドミウムが、飲料水や、この河川水によって汚染された農地で採れたコメ等を通じて地域住民に蓄積し被害をもたらした。1960年頃には、カドミウムが、イタイイタイ病の原因物質と考えられるようになり始めていた。
　水俣病は、熊本県水俣湾周辺で発生した有機水銀中毒による中枢神経疾患である。手足のしびれ、運動障害、言語障害、神経障害や四肢麻痺などの症状が現れ、重症になると意識不明になって死亡することもある。母親の胎内で胎盤を通じて水銀中毒となった胎児性水俣病の患者も存在する。チッソ水俣工場からアセトアルデヒド製造工程で生成されたメチル水銀が排水に混じって排出され、八代海・水俣湾の魚介類に生物濃縮され、汚染された魚介類を長期にわたり摂取し続けた地域住民が被害者となった。1956年に4人の患者発生が保健所に届け出られたことが、「水俣病の公式発見」とされている。新潟県阿賀野川流域でも、昭和電工の工場排水を原因として、同様の有機水銀中毒が発生しており、新潟水俣病と呼ばれている。1965年には患

者の発生が学会で報告されている。

四日市ぜんそくは、1960年頃から操業が本格化した三重県四日市市にある日本で最初の石油化学コンビナートからの排煙を原因とする大気汚染公害である。大量の硫黄酸化物がコンビナートを構成する事業所の煙突から排出され、隣接する住宅地域の住民はガスの臭いと刺激で苦しめられ、喘息等の呼吸器系疾患の患者が大量に発生した。

2 公害対策基本法の制定

戦後の復興に伴う公害問題の発生に対応して、1949年に東京都が工場公害防止条例を制定するなど、地方自治体は国に先駆けて公害問題に取り組み始めた。国の公害対策立法としては、1958年に制定された水質二法（「公共用水域の水質保全に関する法律（水質保全法）」および「工場排水等の規制に関する法律」）が最初のものである。この法律は、浦安漁民騒動を契機として制定された。この浦安漁民騒動というのは、本州製紙江戸川工場からの排水によって江戸川下流域および東京湾の水が黒くにごり、魚介類の大量死や漁獲量の極端な落ち込みに抗議する漁民たちが、工場に乱入して大量の負傷者を出した流血事件である。

水質二法は、水質汚濁がひどく悪影響が出ている水域を指定水域とし、排水の水質基準を設定し、排水事業者を規制するものであった。ゆえに、指定水域でなければ規制対象とはならないという弱点があり、水俣病等の拡大を防ぐことができなかった。

大気汚染については、1962年に「ばい煙の排出の規制等に関する法律」が制定された。本法は、水質保全法と同様に、ばい煙による汚染の著しい地域またはそのおそれのある地域を指定し、指定地域内のばい煙発生施設に排出基準を設けて規制するものである。この法律による規制は、石炭の燃焼に伴う煤塵の規制には効果を発揮したものの、石油の燃焼によって発生する二酸化硫黄に対する規制としては十分な規制効果を上げることができていな

コラム❶-1　公害と政府の責任

事業者が汚染物質を環境中に排出することによって、地域環境が汚染され周辺住民が健康被害を受けるというのが公害のよくある構図である。これらの公害の発生を防止するために、大気汚染防止法や水質汚濁防止法などが制定され、行政機関が公害防止のための規制をしている。公害の原因となるリスクをもつ汚染物質の排出事業者の行為を規制することにより、当該事業者が周辺住民の健康等に被害を発生させることを防いでいる。言い換えると、行政は、排出事業者を規制することによって、周辺住民に良好な環境あるいは健康を提供していると表現できる。規制が不十分だったために、周辺住民に健康被害が発生してしまったときには、行政が責任を果たしていないとして、被害者に対して国家賠償責任を負うこともある。水俣病事件において、最高裁判所（平成16年10月15日判決）は、行政が水質二法に基づく規制権限を行使しなかったことを違法と判断している。

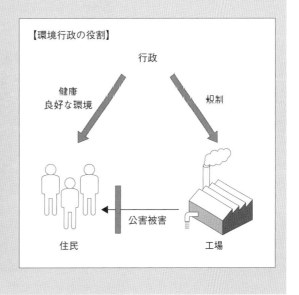

かったので、1968年に本法に代わって大気汚染防止法が制定された。

1967年には、公害対策基本法が制定された。これは、全国各地で発生していた公害問題に対する国民的な関心が高まり、公害の定義、各主体の責任、および公害対策の基本原則等について明確にすることが要請されたのに応えたものであった。公害対策基本法は、事業活動その他の人の活動に伴って生ずる相当範囲にわたる大気汚染、水質汚濁、騒音、振動、地盤沈下および悪臭で人の健康または生活環境に係る被害が生ずるものを公害と位置づけた。これらは、典型六公害(1970年の公害国会で土壌汚染が加えられて典型七公害)と呼ばれる。また、環境基準という概念を取り入れて、環境基準の達成を目指して公害・環境行政が計画的に実施される仕組みが作られた。**環境基準**とは、大気や水域等の環境の質について定められる行政の努力目標であって、通常、汚染物質の濃度という形で定められる。

公害対策基本法に基づいて、**公害白書**も1969年に初めて発行された。この時代の公害関係法律の特徴として、公害防止のための規制が経済発展の障害とならないことを要求する「経済調和条項」を有していることが挙げられる。たとえば、公害対策基本法には、「生活環境の保全については、経済の健全な発展との調和が図られるようにするものとする」という規定があった。

3　1970年の公害国会

1970年11月に召集された臨時国会は、「公害国会」と呼ばれ、公害関連の14の法律について制定あるいは抜本的な改正がなされた。なかでも大きなテーマとなったのは経済調和条項である。経済調和条項は、公害規制法律の運用において経済優先の姿勢を招くものであると批判され、公害対策基本法などから削除された。

公害国会では、廃棄物の処理及び清掃に関する法律、水質汚濁防止法も制定された。大気汚染防止法は、経済調和条項が削除されただけでなく、指定地域制も廃止されて全国すべての地域のばい煙発生施設が規制対象に組み込まれた。

1971年には環境庁(現・環境省)が発足した。環境庁は、各省庁に分散していた公害規制の権限の一元化を図ることを目指して設置され、公害規制と自然環境の保護をその主要な任務とした。

4　激甚な産業公害から都市生活型公害・地球環境問題へ

大規模な事業所からの有害な汚染物質の環境中への排出が原因で発生し、地域住民の健康に重大な被害を与える産業公害は、公害対策基本法の下で、大気汚染防止法や水質汚濁防止法に基づいてなされる政府の権力的な規制によって、1970年代にはほぼ克服されてきた。

激甚な産業公害が克服されてくると、通常の事業活動や都市生活に起因する生活環境の悪化の解決が必要だと人々は意識するようになった。都市化とモータリゼーションの進展により、都市に自動車が溢れ、自動車排気ガスによって大気も汚染された。生活排水によって、都市河川や湖沼などの閉鎖性水域が汚濁し、悪臭を放っていた。大量生産、大量消費に伴って大量のゴミが各事業所や家庭から吐き出され、ゴミの処理施設が不足した。これらを総称して都市生活型公害と呼ぶ。

1　環境基準
環境基本法16条は環境基準について、「政府は、大気の汚染、水質の汚濁、土壌の汚染及び騒音に係る環境上の条件について、それぞれ、人の健康を保護し、及び生活環境を保全する上で維持されることが望ましい基準を定めるものとする」と規定している。

2　公害白書
公害白書は、公害の状況に関する年次報告および次年度において講じようとする公害の防止に関する施策について記すものである。環境基本法の制定に伴い、環境白書となった。

西淀川、川崎、尼崎、名古屋南部、東京の大気汚染事件が裁判にもなった有名なものである。閉鎖性水域の汚濁の問題として、**赤潮**の発生やアオコの発生の写真や映像を見たことがあるだろう。ゴミ問題としては、**東京ゴミ戦争**(1970年頃)や**東北ゴミ戦争**(1990年頃)が有名であり、また、廃棄物処理施設の設置に反対する住民運動もみられた。

都市生活型公害は、自動車の運転、炊事洗濯、ゴミ出しなどそれ自体では非難の対象とはならない通常の市民生活や事業活動の集積が原因となって生じ、加害者も被害者もどちらも地域住民として重なり合う部分も少なくなく、被害も人の生命や健康には直接結びつかない生活環境の悪化が中心である。この点で、大規模事業所による有害な汚染物質の環境中への排出によって重篤な健康被害が生じる激甚な産業公害とは異なった構造をもち、都市生活型公害の克服には、人々の活動を環境負荷の少ないものに誘導する仕組みの導入が課題となった。

また、地球環境問題である気候変動問題も、地球規模の話ではあるが、都市生活型公害と同様に環境負荷の集積という構造をもっている。エネルギー源の大部分を石油や石炭などの化石燃料に依存する日本では、電気の利用を含むエネルギーの使用が、温室効果ガスである二酸化炭素の排出量増加につながっている。二酸化炭素排出量の削減の手段として原子力発電の推進が、国の政策として採用されていたが、2011年の福島第一原子力発電所の事故によって生じた広範囲の放射性物質による環境汚染により、原子力の推進に対して再検討が迫られている。2050年までのカーボンニュートラルの実現にむけて、風力・太陽光・地熱などの自然エネルギーの利用が推進されている。

5　地球サミットおよび環境基本法の制定

1992年に、ブラジルのリオデジャネイロで地球サミット(国連環境開発会議)が開かれ、各国政府代表が参加しただけでなく、世界各地から多数の環境NGOが集まり、地球環境問題について熱い議論がなされた。そこでは、

➡3 **赤　潮**
水中のプランクトンが異常発生して水面が変色するほどになったものをいう。溶存酸素の極端な減少を引き起こしたり、魚のエラに詰まったりして、魚類に悪影響を与える。

➡4 **東京ゴミ戦争**
江東区にある廃棄物処理施設で杉並区の家庭ゴミの処理を行っていたところ、杉並区に廃棄物処理施設を設置する計画に杉並区の住民が反対して紛争となった。杉並区からのゴミの受け入れを江東区民が体を張って阻止したことで有名。

➡5 **東北ゴミ戦争**
関東で発生した産業廃棄物が大量に東北地方の廃棄物最終処分場に運ばれていることに対して、東北地方の住民が反発し、県が搬入に対する規制を強めた。

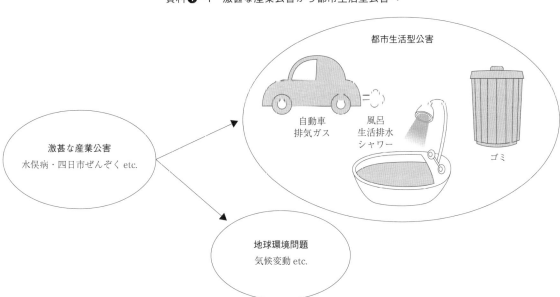

資料❶-1　激甚な産業公害から都市生活型公害へ

→6 **持続可能な発展**
(Sustainable Development)
世代間倫理に基づいて、環境利用に伴う利益についての世代間衡平の実現を求める原理である。ただし、現実の環境国際政治の場では、先進国と発展途上国との利害調整のための原理として用いられている。
持続可能な開発目標（2015年・SDGs）において、経済、社会、環境の三側面を調和させる原理となった。

→7 **里山・里地**
日本人の心の故郷の風景ともいえる農村の田園風景とその背後にある森林が典型的なものである。森林で、燃料、堆肥の原料となる落葉、木材、食料などが採取されていた。これらの人為的な撹乱により自然の遷移が留められ、光の入る明るい雑木林が維持されている。

→8 **環境アセスメント**
特定の行為や事業が環境に与える影響を事前に調査・予測・評価して、これに基づいて環境影響を軽減するように工夫する仕組み。

将来世代と現在世代との世代間衡平を目指す**持続可能な発展**（Sustainable Development）という基本理念が重要な役割を果たした。地球サミットでは、リオ宣言が採択されるとともに、気候変動枠組み条約や生物多様性条約も採択され、日本でも環境ブームとでも呼べる盛り上がりをみせていた。

このような状況のなかで、1993年、公害対策基本法に代わって、環境基本法が制定された。環境基本法は、持続可能な発展という理念を取り入れて、「社会経済活動その他の活動による環境への負荷をできる限り低減すること」によって、「持続的に発展することができる社会」の構築を目指している。そして、伝統的な公害規制法の枠組みを継承しつつも、都市生活型公害や地球環境問題に対応する新しい環境法の基礎を構築した。

都市生活型公害および気候変動問題の克服には、人々の生活や産業活動の在り方を環境負荷の少ないものに変えていくことが求められる。これを実現するのに、政府が権力的な規制を行うよりも、補助金や課徴金・環境税を使って人々や事業者の行動を環境負荷の少ないものに誘導することが相応しいと考えられた。グリーン購入によって、環境負荷の少ない製品やサービスに対する需要を創出することもその一環として捉えられる。人々への環境情報の提供や環境教育も、環境負荷の少ない行動の選択を助ける。

自動車の排気ガスによる都市の大気汚染は、新車販売される自動車の排気ガスにかかわる汚染物質の排出基準を徐々に厳しくすることや、バイパス建設などによって渋滞を減少させる交通需要マネージメントを通じて克服されてきた。生活排水による都市河川や閉鎖性水域の汚濁は、下水道の整備によって克服された。廃棄物問題は、持続可能な社会の実現をめざす循環型社会形成推進基本法（2000年）や各種リサイクル法の導入の中で、廃棄物の減量とリサイクルによって解決が図られてきた。今日では、プラスチック資源の循環が課題となっている。地球温暖化問題への取り組みも、洋上風力発電など再生可能エネルギーの拡大に加えて、2033年度の二酸化炭素の排出枠取引制度の導入を目指すなど脱炭素成長経済構造への移行を推進することを通じて進められている。

6 自然保護法制の変遷

自然保護の法制度の中心に、国立公園などの自然公園制度がある。国立公園は、「わが国の風景を代表するに足りる傑出した自然の風景地」が指定されてきたが、美しい風景地や原生の自然という普通にはないすぐれた自然を保護する仕組みであり、普通のありふれた自然を保護するものではなかった。しかし、地球サミットで生物多様性条約が採択され、生物多様性・生態系の価値の認識が浸透してきたのを受けて、環境基本法も、生態系の微妙なバランスの保全が大切であると規定するに至っている。日本の自然のほとんどが、林業や農業を通じた人間による働きかけと自然の移り変わりとの調和の上に成立している二次的な自然であることへの理解も深まり、**里山・里地**などのありふれた自然の風景の中に存在する生態系・生物多様性の保全のための努力がされるようになった。そして、2008年には生物多様性基本法も制定された。また、自然公園法にも法目的として、「生物の多様性の確保に寄与すること」がつけ加えられるに至っている。

自然環境の保全にとって、**環境アセスメント**が重要である。しかし、日本

は法律上の一般的な環境アセスメント制度を長らくもっていなかった。国のレベルでは1984年の閣議決定で定められた要綱に基づく環境アセスメント制度があったが、環境基本法が環境アセスメント法制の整備を要求したのを受けて、1997年になってようやく環境影響評価法が制定された。

生物多様性・生態系の保全として、外来種による日本の生態系の攪乱や、遺伝子組換え生物による遺伝子レベルでの日本固有種に対する影響も懸念されるようになり、これらを規制する法制度も整備されてきている。

7 景観の保全

高度経済成長およびバブル経済を経て豊かさを実現した日本社会では、潤いある生活環境が一層求められるようになってきた。生活環境におけるアメニティ[9]の要素として、良好な景観の重要性が認識され、2004年には景観法が制定された。同時に都市緑地保全法が都市緑地法に大幅リニューアルされた。ビオトープ[10]としての都市緑地を保全・形成し、これらを街路樹・都市河川などでネットワーク化することにより、生息地として充分な緑地の面的な広がりを確保して都市の生態系を豊かにすることを通じて、自然豊かな都市空間の形成が目指されている。景観は生物相を反映するものでもあり、都市緑地と景観は、ともに都市アメニティの要素として重要性を増してきている。

8 化学物質の規制

化学物質が人の健康や環境に及ぼす影響についてはよくわかっていないことが多い。1968年に発生したPCBによる食品汚染事件であるカネミ油症事件が、人々に化学物質のリスクについて注意を喚起した。これを受けて、化学物質審査規制法が制定された。最近では、環境ホルモン[11]の問題、シックハウス症候群[12]、そしてダイオキシン問題などが人々の関心を集めた。一定量の化学物質を環境中に排出している事業所は排出する化学物質の種類と量を把握して政府に報告しなければならない（PRTR制度）。

▶9 アメニティ
快適さ。良好な生活環境の指標として用いられる。

▶10 ビオトープ (biotope)
生態系の存在する場所である。個々の生物種の生息地であることを超えて、無数の生物が有機的に構成する共同体としての生態系の棲家を表現する。ギリシャ語で生命あるいは有機体を表す"bios"と、場を表す"topos"が組み合わさって、ドイツで生物の住む空間としてBiotopという言葉が生まれた。

▶11 環境ホルモン
内分泌撹乱物質のこと。環境中にある化学物質が生体にホルモンのように作用して、悪影響をもたらす。

▶12 シックハウス症候群
建物に使われる接着剤や塗料に含まれる化学物質によって引き起こされるめまいやアレルギー症状。化学物質過敏症の一形態である。

コラム❶-2　都市の自然

都市に潤いを取り戻すために、都市に緑地を増やしてネットワーク化して面的な広がりを確保し、さらに多自然河川で近郊の里山・里地に結びつけて、里山の生物相を都市に導入しようという考え方がある。

都市における基幹的緑地は都市公園であるが、民有地の緑もあわせると相当な広がりをもっている。都市緑地法は、都市の重要な民有の緑地を特別緑地保全地区や緑地保全地域などに指定して保護している。

都市では、田んぼや畑のような農地も緑として大切なので、農業を続ける約束をした農地は、生産緑地地区に指定されて、便宜が図られている。

都市では、低層の住宅や商業施設が敷地いっぱいに建設され、地表の多くが建物やコンクリートに覆われてしまっているところも少なくない。これに対しては、超高層ビル建設によって土地利用を垂直方向に集約して、その成果として建物等に覆われない土地を確保して、そこに植物を植えて緑化するというやり方も試みられている。さらに、建物の屋上や壁面も緑化して、緑を取り戻そうとする。このような手法を用いた初期のものとして、六本木ヒルズのプロジェクトがよく知られたものである。

都市の緑地にどのような植物を植えるのが好ましいのかについても、議論がある。かつて、「花いっぱい運動」として、都市のアメニティ向上のために、きれいな花が公園の花壇などに植えられていた。しかし、これらの多くは外来種なので、在来の生態系とは異なった生態系を作り出すことになる。これに対して、地域在来種を中心に樹木等を植え、多自然河川でかつて生態系として連続していた近隣の里山里地とつなげて、その生物相を導入して、在来の生態系の再現を目指すべきだという考え方も根強い。

「自然」と対置される「都市」に、どこまで自然を引き込むべきかについては、見解の分かれるところであろう。

環境法で問題は解決できるのか
▶環境問題と法の体系

> **設例** 現代では、環境問題が身近になっている。環境法は、環境問題にどのように対応しているのだろうか。家族と暮らす高校生のA～F君の家庭を例に考えてみよう。
>
> ① A君の住む家は道路に面しており、また近くに発電所が建設されようとしている。呼吸器系が必ずしも強くないA君の健康に影響があるのではないか、お母さんBはとても気にしている。
>
> ② B君は夏休みの自由研究のために、近くの川の魚の成育状況を調査していた。ある日、川の魚が突然浮き上がってしまった。近くには化学工場が操業しているため、そこから化学物質が流れ出て魚が死んでしまったのではないかとB君は考えた。A君は、工場からどのような物質がどの程度出ているのか調べたいと思っている。
>
> ③ C君は、自宅の近くに、県のごみの積替え中継施設が設置されて以来、喉の痛み、頭痛、めまいなどの健康被害をうったえるようになった。C君の近所にも同じような症状をうったえる人が数名いる。しかし、県は、中継施設ではプラスチックごみを圧縮しているだけで有害物質はほとんど発生しておらず、施設の職員も健康に不調は生じていないといっている。
>
> ④ D君の自宅の前の通りは幅が40mあり、その両側に高さ20mの桜の並木が美しく並び、低層の住宅が立ち並んで落ち着いた景観を形成してきた。ところが、その一角に不動産業者が高さ50mのビルを建てようとしている。D君はこのビルが建つと、通りを中心とする景観がだいなしになることを非常に心配している。
>
> ⑤ E君は自然が好きで、夏休みに少し離れた山林で散策をしている。その山林は、開発業者によってゴルフ場にされようとしているが、この山林には野生生物が生息しているので、E君はこの地域で長い間野生生物の保護に携わってきた団体の一員として、野生生物の住みかがなくなってしまうと心を痛めている。
>
> ⑥ F君のお父さんGは、自宅から少し離れた土地に家庭菜園を持っており、ミカンを栽培しているが、以前ほど収穫できなくなってきた。お父さんは、地球温暖化のためではないかと思い、近くの工場から排出される温暖化の原因物質である二酸化炭素の排出に憤激している。
>
> A～F君とその家族が直面している環境問題に、環境法はどのような対応ができるだろうか。

1 環境問題に対する法的対応

環境問題は、時代を下るにつれ、様々な形で拡大し、それに応じて環境問題に対する法的対応も拡大してきた。「公害」の救済・防止等から「リスク」管理へ、また、「廃棄物処理」からリサイクル等を含む「循環管理」へ拡大

してきた。さらに、「景観」や「アメニティ」の保全も主張されるようになった。「自然」保護の分野も、最近では「生物多様性」の確保を目的とするように若干の変化を遂げている。少し詳しく触れておこう。

(1) **公害の救済・防止等**　本書❶に触れられているように、工場、鉱山、道路、空港等から発生する大気汚染、水質汚濁、騒音等の公害は、特に1960年代以降、わが国では住民の健康被害や**生活環境**の被害をもたらすものとして社会において重要な問題となり、裁判で損害賠償、差止め等の救済が求められ、また、その防止のために対応がなされてきた。

(2) **環境関連のリスクの管理**　公害が、特定の汚染源から排出され、それによって健康や生活環境に対して被害が発生するおそれがあることがある程度の蓋然性をもって判断できるという性質をもっているのに対し、それには至らない環境関連のリスクがある。たとえば、化学物質の一部(たとえば、ベンゼンのような**有害大気汚染物質**の対策、設例3にあげた杉並病)、電磁波、遺伝子組換え生物のほか、地球温暖化のような地球環境問題があげられる。

リスクは、公害とは異なり、第1に、行為と健康等の被害との因果関係(発生の蓋然性)や侵害の規模が十分でない点に特色がある。そのなかには、被害のおそれが科学的に確実ではない場合も少なくない。また、第2に、リスクについては、環境負荷が広範囲にわたることが多い。

リスクはどのように管理したらよいか。リスクに関しては、損害発生の蓋然性が十分でないのに規制をすると、被規制者に過剰な負担がかかる可能性がある一方、放っておくときわめて重大な、場合によっては不可逆の損害を生じる可能性があるというジレンマがある。そのため、リスクについては、関係者の参加の下に意思決定することが特に重要であることになる。

(3) **循環管理**　従来は廃棄物はそれをいかに処理するかという点のみが考えられてきた。ところが、これに対しては2つの観点から問題があることが認識されてきた。第1は環境負荷の点である。廃棄物の処理にあたり、それを焼却などする際にはダイオキシン類などの有害物質が発生する可能性が

➡1　**生活環境**
人の健康被害とともに生活環境被害は公害の概念に含まれる。「生活環境」には、通常の意味での生活環境(たとえば、大気や水の清浄さ)のほか、「人の生活に密接な環境のある財産並びに人の生活に密接な関係のある動植物及びその生育環境」も含まれる。たとえば、家具・商品の腐食、農作物や漁業の対象としての魚介類の被害などである。

➡2　**有害大気汚染物質**
1996年の大気汚染防止法改正で導入された概念。低濃度での長期暴露による発がん性などが疑われる物質。健康被害の未然防止の観点から、国や自治体による、モニタリング、健康被害のおそれの程度の評価・公表が行われることとされ、指定物質の排出抑制基準の設定が行われた。科学的不確実性が残るなかでの対応であり、予防原則の適用といえる。

コラム❷-1　「危険」と「リスク」

ここにいう伝統的な「公害」の未然防止と「リスク」の管理の相違は、ドイツ行政法にいう「危険(Gefahren)」に対する防御と「リスク(Risiko)」に対する事前配慮の相違に類似している。

「危険」とは、ある行為や状態が「十分な蓋然性(確からしさ)」をもって、公の安全又は秩序の保護法益に損害をもたらすものである。「十分な蓋然性」があるかどうかは、発生の確率と、予期される侵害の規模を掛け合せたものが相当の程度に達するものをいう。

すなわち、予期される侵害の規模が大きければ大きいほど、発生蓋然性は低いもので足りることになる。一方、「リスク」は、侵害の規模も発生の確率もそれほどではなく、「損害発生の十分な蓋然性」があるとはいえない場合をいう。

ドイツにおいては比較的早くから「リスク」に対する規制が必要であると考えられたが、これは、「危険」に対する防御だけでは、硫黄酸化物等の酸性降下物による森林の枯れ死や発癌性物質による健康被害のように、「十分な蓋然性」がない場合であっても損害は発生しうるという認識に基づくものであった。

リスクに対する事前配慮は種々の目的をもっているが、最も重要な目的は、危険に対する防御を前倒しして対処することにある。また、科学的不確実性に対処することも、リスクに対する事前配慮の重要な目的である。

このような「危険」と「リスク」の相違は、わが国ではドイツほど明確に分けて議論はされていない。概念を分けることによる長所・短所を含めてわが国に残された課題である。

あるし、また、埋立処分場（最終処分場ともいう）に埋め立てるときは、有害物質による土壌の汚染が発生し、ひょっとすると地下水の汚染につながるかもしれない。第2は資源の有効利用の点である。廃棄物のなかには有用な金属など資源が含まれているが、それをただ処理しているだけでは、有用な資源を捨てていることになるのではないか。わが国が資源小国であることからみても問題ではないか。こうして、現在では、廃棄物に対する施策としては、まず廃棄物の発生抑制（リデュース）、次に再利用（リユース）、さらにリサイクル（材料リサイクル）、熱回収をし、処分は最後に行うという、優先順位をつけることが法律で示されている。このような「循環管理」の問題は伝統的な公害とは異なり、国民の日常生活・事業者の通常の事業活動に関連するという特色を有するため、根本的には、わが国の社会のあり方自体を環境に配慮したものに変えていくことが必要となる（本書⓫参照）。

（4）**景観・アメニティの保全**　ここ数十年で急速に緑が失われ、伝統的な街並みが消えていった。それに代わって、高層ビルが乱立し、街や自然地域の景観は大きく損なわれてきた。こうしたなか、都市や自然地域の景観、アメニティ、歴史的環境の保全が強く求められるようになってきた（本書⓮参照）。

（5）**生物多様性の保全**　自然保護については、生態系プロセスは連続しており、加速度的に種が絶滅している状況のもとで、個々の自然資源を保護しているのでは十分でないという認識に基づいて、「生物多様性」の保全が重要であるという考え方が、国際的・国内的に取り上げられるようになった。具体的には、1992年の生物多様性に関する条約（生物多様性条約）の採択以来、自然環境保全の目的は生物多様性の保全にあるとする考え方が一般化してきたのである。生物多様性とは、「様々な生態系が存在すること並びに生物の種類及び種内に様々な差異が存在すること」をいい、その保全には、(i) 遺伝資源の多様性、(ii) 生物種・群の多様性、(iii) **生態系**の多様性の3つの保護が含まれる（さらに、(iv) 景観の多様性を含める場合もある）（本書⓭参照）。

（6）**環境問題の拡大と法的対応**　このように、環境問題が拡大するにつれ、法的対応も、公害対策から（のみでなく）リスク管理やアメニティの確保、物質循環の管理、生物多様性の保全に環境行政・政策の範囲が広がってきた。そして、公害のような「健康」被害の防止については相当に明確な目標が設定され、対策がとられたのに対し、「リスク」、「アメニティ」、「循環」、「生物多様性の保全」に対しては、従来十分な目標が設けられず、効果的な対策がとられないことが少なくなかった。

設例の1、2は公害に関する問題であるが、3と6はリスクに関する問題であるし、4は景観、5は生物多様性保全の問題である（設例の解答に関しては、1〜6のそれぞれについて本書❽、❾、⓬、⓮、⓭、⓯参照）。このうち、公害に関する問題については、多くの場合、訴訟を提起できるのに対して、リスク、循環、生物多様性の問題については、訴訟の提起は難しい。アメニティについては、景観に関して最近裁判所がやや前向きの姿勢を示し始めたところである。なぜか。従来、訴訟は個人の利益に対する侵害について個人を救済してきたのに対し、環境問題の相当部分は、個人に関連する利益とはいいにくく、伝統的な訴訟のなかに取り込みにくいという問題があるからである。たとえば、景観については、最近、最高裁が、良好な景観の近隣に居

➡3　最終処分場
廃棄物の埋立処分（最終処分）を行う場所。廃棄物はリユースかリサイクルされる場合を除き、最終的には最終処分として、埋立てか海洋投棄される。海洋投棄は原則として禁止されており、最終処分は埋立てが原則である。産業廃棄物の最終処分場は、埋立処分される廃棄物の環境に与える影響の程度に応じて、遮断型処分場、管理型処分場、安定型処分場に分かれる。一方、一般廃棄物の最終処分場は1種類である。

➡4　熱回収
サーマル・リサイクルともいう。廃棄物を単に焼却するだけでなく、その焼却熱をエネルギーとして回収・利用すること。材料リサイクル（マテリアル・リサイクル）が困難な場合に実施される。代表的な例がごみ発電やエコセメント化である。温水などの熱源として利用することもある。熱回収のほうがコストが安くて済むため、一定のプラスチックに関して材料リサイクルを優先することに対して産業界から批判がなされている。

➡5　生態系
生物間の相互関係と、生物とそれを取り巻く環境の間の相互関係を総合的に捉えた生物社会のまとまり。生態系は、人間活動による劇的な環境改変（地球温暖化を含む）や外来種の侵入によって、多くの地域で生態系が急激に変化し、破綻の危機に瀕している。

住する住民に対して、その景観の侵害の際に、不法行為に基づく損害賠償を請求する法的利益を認める判断を行ったが、これも、訴訟に関する伝統的な考え方に則って、良好な景観の恵沢を享受する利益という個々人の利益を認めたものである（本書うらむ❸-2、⓮参照）。

では、個人の利益が認められないと、訴訟は提起できないのか。現在の訴訟においては、民事訴訟についても、行政訴訟についても困難ではあるが（この2つの訴訟についても、ニュアンスの相違はある）、立法によって、個人の利益とは無関係に訴訟を提起することを認めることは十分に考えられる。団体訴訟（うらむ❼-3参照）ないし**市民訴訟**と呼ばれるものであり、欧米では環境の分野でも用いられている。わが国でも**消費者契約法**等において団体訴訟が認められている。

他方、環境問題をすべて訴訟によって解決しようとするのは適切ではない。第1に、訴訟が提起できない場合は残ると考えられる。第2に、訴訟が提起できるとしても、訴訟には時間もお金もかかるため、誰かが常に提起するとはいいにくいし、むしろ、訴訟が提起されなくても、事前に対応することが重要である。こうして、社会における環境の負荷を減らし、生物多様性の保全を図っていくためには、訴訟とは別に、規制的手法、賦課金や補助金のような経済的手法、環境影響評価のような手続的手法（総合的手法でもある）によって社会や個人に影響を与えていく必要がある（本書❺参照）。環境政策およびその実現のための法制度である。環境問題に対する法的対応としては、このような環境法制度が重要であり、訴訟はそれを補完するシステムとして位置づけられるのである。

→❻ **市民訴訟**
アメリカ環境法にみられる訴訟で、環境法に違反する行為を行っている私人等、または裁量の余地のない行為を怠っている行政機関に対して、市民がその違反を是正することを請求するもの。環境法の執行を行政機関ではなく、市民が行う点に特色がある。この場合の市民を「私的法務総裁」という。

→❼ **消費者契約法**
消費者と事業者の情報力・交渉力の格差を前提とし、消費者の利益擁護を図ることを目的として、2000年に制定された。2006年の改正によって消費者団体訴訟制度が導入され、消費者全体の利益擁護のために訴訟を提起する適格性を備えた消費者団体で内閣総理大臣の認定を受けたもの（適格消費者団体）は、差止請求が提起できることとなった。

2　環境法とは何か、どのような特色をもっているか

環境法とは、環境への負荷を防止・低減することを目的とする法（法令、条例、国際条約など）の総体をいう。

環境に関する法は、歴史的には、まず民法が公害救済の役割を果たした

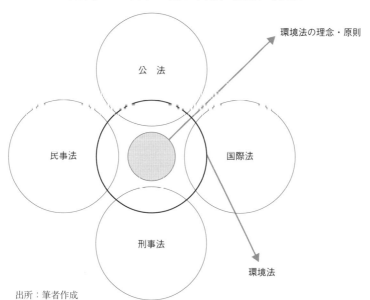

資料❷-1　環境法と各法の関係、環境法の独自性

出所：筆者作成

が、その後、環境問題の解決には行政法が中核的位置を占めてきている。しかし、廃棄物問題や地球環境問題が深刻な様相を呈し、環境基本法をはじめとする環境立法や種々の国際環境条約が整備されてきた今日、環境法学を独立した学問分野として捉えることが必要であると考える（環境法と各法の関係、環境法の独自性について資料❷-1参照）。その理由として3点をあげておきたい。

第1に、環境法の理念として、一般の行政法等にみられない独自のものがあり、しかも、それらが行政法以外の分野を淵源とするものと考えられることである。環境法の主要な理念としては、リオ宣言等を通じて国の内外を問わない指針として各国で受け容れられた「持続可能な発展」の概念、憲法上の権利として認める国が増加している「環境権」、OECD（経済協力開発機構）理事会によって勧告され、リオ宣言やEUの行動計画や指令に頻繁に用いられている、費用負担に関する「汚染者負担原則」があげられるが（本書❸参照）、「持続可能な発展」の概念は国際法から生じているし、環境権については、少なくともわが国では、元来、私権として検討されてきた。「汚染者負担原則」も、元来は環境経済学から出てきたものであるが、わが国においては、民事法の無過失責任と密接な関連を有するものとして発展してきた。

第2に、熱帯林の消滅、自然海岸の消失、種の絶滅の加速度的増大等の問題が生じ、人類の存続の基盤としての生態系が侵されつつある今日、既存の行政が行ってきた諸利益の総合衡量では十分対処しえなくなっていることである。むしろ、**環境容量**の有限性に鑑み、環境という側面を独立に捉え、それについての一定の配慮を必ず行うことが求められている。従来、ともすれば諸価値の総合衡量が強調され、ある問題を独立して捉えることは少なかったが、環境はそれが人類の存続の基盤であり、人類の活動がもはやその容量を超えつつあること、しかも環境への影響はある程度時間がたってから不可逆的に生ずるものが多いことから、このような見方をすることが特に必要になっていると考えられる。この点は、環境法を通常の行政法とは区別する理由となろう。

第3に、上述の「持続可能な発展」（本書❸参照）や環境容量への配慮を重視するときは、環境の側面から一定の目標を立て、それに向けて社会全体が移行していくことが必要となるが、そのためには環境に関連する法制度を総合的に理解することがきわめて重要になる。すなわち、行政法、民事法、刑事法、国際法、さらに、種々の行政の政策が、上述の理念のもとに統合的に整備される必要があるといえよう。そして、このような統合的な視点や理念は、未だ十分に知られていない環境問題を認識し、その解決の指針を得るのに役立つであろうし、環境に関連する法制度や政策の学習を容易にするものといえよう。

3 環境法の体系

(1) **国内環境法**　国内の実定環境法の大部分は、環境基本法を頂点とする体系に属している。

国内環境法の主要部分は、①環境基本法、環境影響評価法という、環境法全体に関連する総論的分野、② ⅰ ）公害を中心とする汚染排出の防止・削減に関する法（大気汚染防止法、水質汚濁防止法、土壌汚染対策法など）、ⅱ）

➡8　**環境容量**
一定の地域で、環境保全上、受容できる人間活動または汚染物質の量。自然界には人間活動が営まれ、または汚染物質が排出されても、環境への悪影響が生じない収容力があるとの考え方に基づく。これを自然の浄化能力の限界量から捉える考えと、環境基準によって算出される、許容される排出総量から捉える考えがある。

有害化学物質の管理に関する法（化学物質の審査及び製造等の規制に関する法律など）、ⅲ）物質循環の管理に関する法（循環型社会形成推進基本法、廃棄物の処理及び清掃に関する法律など）、ⅳ）自然環境、アメニティの保全に関する法（自然環境保全法、自然公園法、鳥獣の保護及び狩猟の適正化に関する法律、絶滅のおそれのある野生動植物の種の保存に関する法律、景観法など）、ⅴ）地球環境問題を中心とする国境を越える環境問題に関する法（地球温暖化対策の推進に関する法律など）、という各論的分野、③公害防止事業をはじめとする環境保護の費用負担に関する法（公害健康被害の補償等に関する法律など）、④公害・環境事件の司法的・行政的解決に関する法（公害紛争処理法など）、⑤環境行政組織に関する法（環境省設置法など）に分けられる。

また、地方自治体の環境条例・要綱、環境行政は今日国内法において非常に重要なものとなっている。

国内環境法において、環境基本法の体系には属さないが、実質的意味の環境法に含まれるものとして、原子力施設に関するリスク管理についての法律群、都市景観、歴史的・文化的遺産の保全などアメニティに関する法律群がある。

(2) **国際環境法**　国際環境法に関しては、①地球温暖化問題（気候変動に関する国際連合枠組条約、京都議定書、パリ協定）、②**オゾン層の破壊**（オゾン層の保護のためのウィーン条約、モントリオール議定書）と酸性雨、③船舶起因汚染（MARPOL条約など）、④海洋投棄起因の汚染（廃棄物その他の物の投棄による海洋汚染の防止に関する条約（ロンドン条約）など）、⑤化学物質、⑥有害廃棄物の越境移動（有害廃棄物の国境を越える移動及びその処分の規制に関するバーゼル条約）、⑦生物多様性の保全、⑧地域的自然環境の保全、⑨**世界遺産**の保全、⑩貿易と環境などについて様々な条約が採択されている。

今日、わが国の国内環境法は、国際環境法の実施のために制定・改正されることも多く、国際環境法の影響が強くなっている。

➡9　オゾン層
地上から10〜50km上空の成層圏と呼ばれる領域のオゾン（O_3）が豊富な層をいう。オゾン層は、生物に有害な太陽からの紫外線を吸収し、生態系を保護している。しかし、フロン類のようなオゾン層破壊物質によって、1980年代から、南極上空のオゾン層濃度が薄くなる「オゾンホール」が発生している。オゾン層保護のためのウィーン条約およびモントリオール議定書がこの問題に取り組んでいる。

➡10　世界遺産
世界の文化遺産及び自然遺産の保護に関する条約（世界遺産条約）に基づき、世界遺産リストに登録された文化遺産および自然遺産。自然遺産とは、鑑賞上、学術上または保存上顕著な普遍的価値をもつ特徴ある自然地域、脅威にさらされている動植物の種の生息地等である。締約国は、これらの遺産を認定し、保護し、整備し、活用しなければならない。

コラム❷-2　原子力法と環境法

2011年3月の東日本大震災およびそれに伴う福島第1原発事故は、原子力法と環境法の関係にも影響を与えた。従来は、原子力基本法を頂点とする原子力法の体系は環境法とは独立していると考えられることが多かったが、同事故をきっかけとして、2012年の原子力規制委員会設置法の成立により、原子力法は環境法の法体系に組み込まれることになった。

第1に、放射性物質による汚染の防止措置を環境基本法から適用除外していた規定（環境基本法13条）は、削除された。循環型社会形成推進基本法の適用除外規定も削られている。そして、2011年に制定された「平成23年3月11日に発生した東北地方太平洋沖地震に伴う原子力発電所の事故により放出された放射性物質による環境の汚染への対処に関する特別措置法」も環境基本法の下の環境法体系に組み込まれた。

第2に、原子炉等規制法の目的規定に環境保全が追加された。さらに、商業用原子炉の規制について、従来は原子炉等規制法ではなく電気事業法の規定が適用されることになっていたが、原子炉等規制法のなかの規定が適用されることになった。

第3に、原子力規制組織が変更され、原子力関連の安全性については、独立の原子力規制委員会とその事務局である環境省にほとんどの権限が移管された。

放射性物質によるリスクが環境リスクと類似性をもつことから、このような原子力法の環境法体系への組み込みには合理性があったと思われる。もっとも、環境法の体系に組み込まれたといっても、原子力や放射性物質に特有の問題を軽視してはならない。

なお、第1点については、さらに、2013年6月、放射性物質による大気の汚染及び水質汚濁に関する適用除外規定、環境影響評価法、南極地域の環境の保護に関する法律の放射性物質適用除外規定が削除された。

3 環境法は何を目指しているか
▶環境法の理念と原則

設例 環境法の理念・原則としてはどのようなものがあるか。

1 環境基本法と環境法の理念・原則

　環境基本法は、環境法の基本理念について、①健全で恵み豊かな環境の恵沢の享受と継承、②（未然防止の考え方のもとでの）環境負荷の少ない持続的発展が可能な社会の構築、③国際的協調による地球環境保全の積極的推進という3つをあげている。このうち③は、国際環境問題に対する政府の姿勢として重要であるが、環境法の理念として特に取り上げるものではなさそうである。

　一方、国際環境法やヨーロッパの環境法で環境法の基本理念・原則としてあげられているものとして、(i)「持続可能な発展」、(ii)「未然防止原則・予防原則」、(iii)「原因者負担原則」があるが、これらのうち(i)と(ii)の「未然防止原則」は上記②に含まれるし、(ii)の「予防原則」と(iii)については環境基本法のなかに何らかの規定が存在している。また、必ずしも基本理念・原則ということではないが、(iv)「環境権」はわが国やヨーロッパの環境法でも取り上げられてきたし、わが国の環境基本法も①のなかで「環境権」の発想を取り入れている。

　そこで、ここでは、環境法の基本理念・原則として、「持続可能な発展」、「未然防止原則・予防原則」、「環境権」、「原因者負担原則」の4つを環境法の理念・原則として取り上げたい。このうち、「持続可能な発展」原則は、社会全体の取り組みについての目標としての性格をもつ。「未然防止原則・予防原則」は、環境政策・対策の実施に関する原則である。他方、「環境権」は、環境保護を主体の観点から捉えた理念として意味ももつ。「原因者負担原則」は、環境汚染防止等の費用負担に関する原則である。これらは、環境基本法に基本理念としてあげられているものも、そうでないものもあるが、同法に何らかの根拠をもっている。

　なお、ここでいう「原則」とは、必ずしも法文に表れていない法的な提案であり、実定法が従うべき一般的な方向性を示すものである。「原則」は、全か無かの一義的な適用がなされるものではなく、裁判所に特定の解決を支持する理由を与えるにすぎないものであり、厳密な意味での法的拘束力はない。

2 社会全体の取り組みの目標としての原則：持続可能な発展原則

(1)「持続可能な発展」概念の生成　　1980年世界自然資源保全戦略で「持

続可能な発展（開発）」の語が用いられたことを嚆矢とする。この提言はしばらくはそれほど影響を及ぼさなかったが、1987年に出された「環境と発展に関する世界委員会」の報告書（『我ら共通の未来』）で環境と発展に共通の理念として用いられ、1992年の「環境と発展に関するリオ宣言」、地球温暖化に関する「気候変動に関する国際連合枠組条約」などにも採用された。

(2)　「持続可能な発展」概念の内容　　「持続可能な発展」の内容は、それぞれの宣言・条約等によってニュアンスを異にするが、多くの場合、①生態系の保全など自然のキャパシティ内での自然の利用、環境の利用（リオ宣言第7原則）、②世代間の衡平（同第3原則）、③南北間の衡平や貧困の克服のような世界的にみた公正（同第5原則）の3つの柱を含んでいる。そして、3点のうち、①および②は環境保護を、③はむしろ経済成長・発展、そしてそれによる南北格差の是正を意味している。①には、環境への負荷の限度を定める「環境容量」の考え方が含まれている。

このように「持続可能な発展」は、1つの概念のなかに対立しうる要素を含むものである。③は特に貧困層にとってのニーズを満たすことを目的としており、人権と発展との密接な関係を踏まえつつ、発展から得られる利益を衡平に分配することを要請するものである。持続可能な発展概念は、①および②と、③を統合することを企図している。

各国についてみると①および②と、③のいずれを重視するかについては国によって見解の差異が存在する。そのなかで、わが国の環境基本法は、基本的には①、②を重視しつつ、「環境への負荷の少ない健全な経済の発展を図る」ことを目的としていると考えられる。

なお、持続可能な発展原則は、種々の基本原則の頂点に立つ「傘」となる原則であり、この原則から派生する原則として、「予防原則」が国際環境法上認められつつある。

2012年の「国連持続可能な発展会議（リオ＋20）」では、「持続可能な発展目標（SDGs）」の作成が合意され、2015年、国連総会でSDGsを含む文書が

➡1　環境と発展に関するリオ宣言
1992年にリオデジャネイロで開催された「環境と発展（開発）に関する国連会議」で採択された宣言。前文と27項目の原則で構成される。1972年の人間環境宣言を再確認し、公平な地球規模の協力関係の確立を目標としている。法的拘束力はないが、各国の政府や国民の行動の基本的方向を示している。具体的な行動計画については「アジェンダ21」が採択された。

➡2　SDGs
「持続可能な発展目標（Sustainable Development Goals）」。2015年9月、国連総会でSDGsを含む「持続可能な発展のための2030アジェンダ」が採択された。そこでは、環境を含む17分野で169の目標が示され、先進国を含めた取り組みが求められている。わが国では、政府が一体となってSDGsに取り組むため、2016年に閣議決定により、内閣総理大臣を本部長とする「SDGs推進本部」が設置され、SDGs実施方針が策定された。

コラム❸-1　持続可能な発展原則と経済調和条項

わが国では、1970年のいわゆる公害国会においてかつての公害対策基本法の経済調和条項が削除されたことが、当時の環境政策のパラダイム転換として重要な意義をもっていた（本書❶参照）。

しかし、「持続可能な発展」の観念が、経済と環境を関連させる点では、経済調和条項に近づくともみられなくはない。環境基本法が「持続可能な発展」概念を環境法の理念・原則として採用したことは、経済調和条項の削除というわが国の歴史とどのような関係に立つであろうか。

かつての公害対策基本法における経済調和条項は、「環境か、経済か」という二者択一の議論のなかで、環境保全を経済発展の枠内で行うという考え方を示したものである。たとえば、同法にこの条項があったときの水質関連の法律（水質汚濁防止法の前身）は、指定された水域についてのみ適用され、設定された排水基準も従前の排水濃度を追認するような緩やかなものにとどまった。

これに対して、環境基本法における「持続可能な発展」は、人類の存続自体が環境を基盤にしており、その環境が損なわれているという認識のもとに、社会経済活動全体を環境適合的にしていかなければならないという考え方であり、そこでは、環境と経済を対立したものと捉えるのでなく、あくまでも環境を基盤としつつ、経済を環境に適合させる形で両者を統合することが考えられているのである。

採択された。

3 環境政策・対策の実施に関する原則：未然防止原則・予防原則

(1) 「未然防止原則」と「予防原則」の展開と内容　「未然防止原則」とは、環境に脅威を与える物質または活動を、環境に悪影響を及ぼさないようにすべきであるとするものであるが、「予防原則」は、その物質や活動と環境への損害とを結びつける科学的証明が不確実であること、すなわち、科学的不確実性を前提としているところが相違している。

予防原則について最も頻繁に引用される定義をするリオ宣言第15原則は、「深刻な、あるいは不可逆な被害のおそれがある場合には、十分な科学的確実性がないことをもって、環境悪化を防止するための費用対効果の大きな対策を延期する理由として用いてはならない」としている。

このような予防原則は地球環境問題の先鋭化によって重要性を増しているが、背景には、科学技術の発達やそれに伴う副作用に、環境影響についての研究が追いつかない状況があるといえよう。

(2) 予防原則の国際的展開　予防原則は、1976年以来当時の西ドイツ国内の環境政策において「事前配慮原則」という概念が用いられてきたことに端を発し、その後国際的な広がりをみせ、1992年のリオ宣言第15原則、地球温暖化、生物多様性、廃棄物の海洋投棄、化学物質に関する条約などにも取り入れられた。このように予防原則は多くの国際文書にみられるようになってきたが、欧州のような地域に限定されている場合も少なくなく、また、それに基づく義務・措置が明確でないこともあり、未だ慣習国際法[3]上の原則にはなっていないと解するものが多い。1990年代以降、予防原則については国際裁判でも言及されているが、少数の裁判官によって言及されるか、または、予防的措置をとることを決定しつつも予防原則については判断を回避する傾向がみられる。もっとも、予防原則が採用されている欧州裁判所ではこの原則の法的拘束力を肯定しているとみられる。

他方、未然防止原則は、すでにトレイル溶鉱所仲裁判決[4]を経て1972年のストックホルム人間環境会議で採択された人間環境宣言[5]第21原則に示され、今日では慣習国際法の地位を有している。

(3) わが国における「未然防止原則」、「予防原則」の適用　わが国では、未然防止原則は、環境基本法に掲げられているが、予防原則は、わが国の環境基本法が採用しているといえるかは必ずしも明らかでない。もっとも、同法が規定している持続可能な発展原則に含まれていると解することはできるし、国の環境（リスク）配慮義務の規定（19条）によって予防原則の一部が根拠づけられるとみることもできる。

予防原則は、環境基本計画には明確に取り込まれている。さらに、生物多様性基本法に予防原則の明文が入れられたし（3条3項）、環境個別法においては、食品の分野や化学物質の分野、さらに、地球環境問題において予防原則が取り入れられてきた。

4 環境保護を主体の観点から捉えた場合の原則：環境法原則としての環境権

(1) 環境権とは　環境権とは、「環境を破壊から守り、健全で恵み豊かな環境を享受しうる権利」である。環境基本法のなかでは3条が関連してい

➡ 3　慣習国際法
条約と並んで国際法の重要な形式的法源のひとつ。国際司法裁判所規程にもこれを裁判の準則（ルール）として用いることが定められている。慣習国際法が認められるための要件としては、諸国の一般慣行が成立していることと、それを国際法と認める法的確信があることの2つが必要であるとするのが一般である。

➡ 4　トレイル溶鉱所仲裁判決
1920年代にアメリカとカナダの間で生じた越境大気汚染事件に関する判決。カナダにあるトレイル溶鉱所から排出された硫黄酸化物などのばい煙がアメリカの森林を枯らせ、損害を与えた事件について、アメリカからカナダに損害賠償が請求された。両国の仲裁裁判所が設置され、同裁判所の1941年の最終判決において、カナダの責任が認められた。国家の領域使用に関する管理責任を認めたものである。

➡ 5　人間環境宣言
1972年の国連人間環境会議（ストックホルム会議）で採択された宣言。7項目の共通見解（前文）と26項目の原則で構成される。共通見解は、現在および将来の世代のために人間環境を擁護し向上させることは、人類にとって至上の目標であり、そのためには市民、社会、企業、団体がすべてのレベルで責任を引き受け共通な努力を公平に分担することが必要であるとする。

るが、明文が置かれているわけではない。国際的には、1972年のストックホルムの国連人間環境会議の人間環境宣言第1原則において、初めて環境権の考え方が示され、92年のリオ宣言にもその趣旨がみられる。

わが国では、環境権は民事差止の根拠としての私権（支配権）として主張され、また、憲法13条（自由権）、25条（社会権）に基づいて認められてきたが、私権としての環境権は裁判例上は認められてこなかった。一方、公法上の環境権については、自由権、社会権としての構成だけでなく、参加権としての構成が注目されている。

(2) **環境権の生成** 環境権については、昭和40年代に大阪弁護士会を中心に検討が進められ、「環境を破壊から守るために、環境を支配し、良い環境を享受しうる権利であり、みだりに環境を汚染し、住民の快適な生活を妨げ、あるいは妨げようとしている者に対しては、この権利に基づいて、妨害の排除、又は予防を請求しうるもの」とされた。すなわち、環境権の主張は、個人に対する被害の蓋然性が生ずる前の段階で加害行為の差止めを認めるものとしており、その点で、物権さらに人格権とも異なる性質をもっていた。環境権の主張の今日的な意味は、環境権が人格権の「防波堤」としての性質をもつことにある。

もっとも、裁判所は、環境権説の中核的部分である、個人に対する被害の蓋然性が生ずる前の段階で加害行為の差止めを認める立場は今日に至るまで採用していない。

(3) **憲法上の環境権** 環境権は、憲法学説上、社会権に関する憲法25条（ただし、裁判規範となる具体的権利としてではなく、抽象的権利として）、幸福追求権（自由権）に関する憲法13条を根拠として認められてきた（政府は、25条を根拠とする立場をとっている）。

今日、さらに、参加権としての環境権が注目されている。これは表現の自由（憲法21条1項）の具体化ともいえよう。国際条約としてはオーフス条約（環境に関する、情報へのアクセス、意思決定における公衆参加、司法へのアクセスに関

➡ 6 **支配権**
物権や知的財産権のように、権利の対象を直接に支配する権利。その侵害は不法行為となり、また、侵害に対して妨害排除請求権（差止請求権）が生ずる。

➡ 7 **自由権**
国家権力の介入を排除して各人の自由を確保する権利。基本的人権のなかでも最も長い歴史をもつ。防御権ともいう。精神的自由、経済的自由、人身の自由に分かれる。

➡ 8 **社会権**
個人の生存、生活の維持に必要な条件の確保を国家に対して要求する国民の権利。基本的人権のひとつ。19世紀後半から生じた、資本主義における個人の自由な経済活動のみを重視する考え方を修正して、個人の生存のために国が配慮するのが妥当であるという考え方に基づく。憲法は社会権として、生存権、教育を受ける権利、労働関係の権利を規定する。社会権についてはそれを具体化する法律によって初めて請求権が実現されるとする考え方が一般である。

コラム❸-2 国立景観訴訟最高裁判決

国立景観訴訟とは、幅員が44mあり、その両側に高さ20mの桜と銀杏の並木が美しく並び、低層の店舗と住宅が立ち並んで落ち着いた景観を形成してきた、東京都国立市の「大学通り」の一角に被告が高さ44m弱の大規模マンションを建設する計画をしたのに対し、原告らが建築行為の差止めまたは一部撤去等を求めた事件である。最高裁判決（平成18年3月30日）は、結論としては原告を敗訴させたが、理論的には重要な判断をした。すなわち、従来環境の一種と考えられていた景観について、その「享受」を、①客観的に良好な景観、②近接する地域内の居住、③恵沢の日常的享受という3つの要件のもとで、民法709条の個別的利益（景観利益）となるとしたのである。環境自体に対する支配権と捉えた環境権とは異なるが、一定の環境からの「享受」の利益に着目した点に特色がみられる。本判決は、環境に関連する利益を個別的利益（法的利益）として導出する方法を示唆しているようにも思われる。

最高裁の「景観利益」についての考え方は、環境についての利益を認めた点で環境権説に類似した面があるが、次の2点で環境権とは異なっている。第1は、環境（としての景観）自体ではなく、環境からの「享受」に着目した個別的利益を導出していることである。第2は、環境支配権のような考え方は採らず、その侵害が原則として直ちに違法になるという考え方は採用していない。むしろ、景観利益の性質（これが侵害された場合に被侵害者の健康被害や生活妨害を生じさせるという性質のものではないこと）、財産権者との間の意見の対立の可能性から、「第1次的には、民主的手続により定められた行政法規や当該地域の条例等によってなされることが予定されている」とし、行政法規の規制違反に重点を置く判断がなされている（大塚直『環境法BASIC〔第4版〕』有斐閣、2023年、491頁）。

する条約）が締結され（わが国は締結していない）、そのなかで環境権の参加権としての位置づけが明確に打ち出されている。また、国内的には、東京都等の環境基本条例で参加権としての環境権が取り入れられている。

一方、一定の場合の景観利益（国立景観訴訟最高裁判決参照）や海辺へのアクセス利益のように、人格権侵害に至らない、あるいは至るか明らかでない利益の侵害は存在し、これらは事案によっては、公益か個人的利益の集合かを峻別することが困難であるとみられる。その意味では自由権としての環境権の意義は依然として残されている。また、社会権としての環境権については、水俣病のように健康で文化的な最低限度の生活を維持することも困難になるような状況では有効に機能する場面が存在すると考えられる。

このように、憲法上の環境権は、参加権としての側面も重要になっている一方、防御権、社会権としての側面も捨て去り難いものといえよう。

そして、憲法上の参加権としての環境権を手続的に保障するために必要となるのは、市民参加と情報公開が重要となる。市民参加については行政手続法上のパブリックコメント手続、環境影響評価法の環境影響評価手続、環境教育推進法2011年改正などが関連する。また、情報公開については、情報公開法、化学物質に関するPRTR法（本書❷参照）などが関連する。

参加権としての環境権については、わが国も前述のオーフス条約を参考にして制度を整える必要がある。

5　環境汚染防止等の費用負担の原則：原因者負担原則

環境汚染の防止、原状回復、環境の保全等には費用がかかる。このような環境法における費用負担については、原因者負担と公共負担が問題とされることが多いが、原因者負担を優先させることが原則とされている。

(1) OECDの汚染者負担原則とわが国の汚染者負担原則　OECD（経済協力開発機構）の汚染者負担原則（Polluter-Pays-Principle）とは、受容可能な状態に環境を保持するための汚染防止費用は、汚染者が負うべきであるとする原則である。これは、元来は1972年にOECDが採択した勧告に示された原則である。

この原則の目的は、第1に、環境汚染という外部不経済に伴う社会的費用を財やサービスのコストに反映させて内部化し、希少な環境資源を効率的に配分することであり（外部不経済の内部化）、第2に、国際貿易、投資において歪みを生じさせないため、汚染防止費用について政府が補助金を払うことを禁止すること（補助金の禁止）にある。

OECDの汚染者負担原則は2つの制約を有していた。第1は、これは汚染防止費用に対する原則にすぎず、原状回復のような環境復元費用や損害賠償のような被害救済費用を含まない点である。第2は、この原則が最適汚染水準（汚染による損害〔環境損害〕と汚染防止費用との合計が最小になる汚染水準）までしか汚染を防除しない（つまり、受容可能な汚染レベルが費用と損害の額によってのみ定まることになる）ことを前提としている点である。

しかし、このようなOECDの汚染者負担原則に対し、わが国では、公害問題とそれへの対策の経験から、独特の汚染者負担原則が生まれた。それは、①環境復元費用や被害救済費用についても適用され、②効率性の原則というよりもむしろ公害対策の正義と公平の原則として捉えられたのである。

▶9　OECD
経済協力開発機構。1960年の大西洋経済会議の議決に基づき、発足した。当時の世界経済環境の変化に対応するために設置された。世界の経済、社会、ガバナンスの課題に取り組んでおり、最近は環境政策も重視している。先進国クラブともいわれる。2018年4月現在の加盟国は35。アジアでは日本（1964年加盟）と韓国が加盟している。

▶10　外部不経済
ある経済主体の効用などが、他の経済主体の行動によって、市場を通さずに影響を受けることを外部効果という。外部効果のうち、当該経済主体にとって不利な効果を外部不経済という。汚染のような環境負荷は、市場を通さずに地域住民、国民ないし人類一般に悪影響を与えるため、外部不経済の典型である。

▶11　社会的費用
公害、交通渋滞、生活環境の悪化などによって、社会全体で負担させられる損失をいう。発生源者である原因者が負担すべきであるが、それが特定できないなどにより負担させられない場合に問題となる。

このようにわが国の汚染者負担原則は法的原則としての意味を色濃く有していることがわかる。混乱を避けるため、費用負担を（経済学的にでなく）法的に問題とするときは「原因者負担原則」の語を用いることにしたい。

(2) **原因者負担原則とその根拠**　原因者負担原則はわが国においても世界的にも重要性を増しているが、その実質的な根拠はどこにあるのだろうか。

環境政策の評価にあたっては(i)効率性、(ii)環境保全の実効性、(iii)公平性の3つの要素が考慮されることが多い。このうち、(i)については、汚染防止費用の負担については、原因者負担が最も効率的である（OECD勧告参照）。(ii)についても、原因者負担が最も実効性がある。これは、公共（や他人）が汚染にかかわる費用を負担する場合と、汚染者自身が必ず負担しなければならない場合とで、後になっていずれが環境保全の実効性が高いかを考えれば、明らかであろう。さらに(iii)については、原因者負担は公平の観点からも適切であるとの考えが有力であるが、他方で、分配の公正についての社会福祉国家的理解から、原因者の経済的能力についての配慮が必要であるとも指摘されており、原因者負担原則は公平性の唯一のあり方を示したものではないことにも注意する必要がある。

このように、原因者負担原則は、環境政策の評価にあたって用いられる3つの要素のうち、効率性と環境保全の実効性の2つにおいて最も適切であり、残る1つの公平性についても有力であるものであり、相当に重要な原則であることが理解できよう。

なお、原因者負担原則に関連して、最近、リサイクルにおける費用負担のあり方が議論されており、そのなかで、容器包装に係る分別収集及び再商品化の促進等に関する法律（容器包装リサイクル法）、特定家庭用機器再商品化法（家電リサイクル法）、使用済自動車の再資源化等に関する法律（自動車リサイクル法）にみられるような原因者概念の拡大（間接的汚染者たる製造者に再商品化義務等を課する。「拡大生産者責任〔Extended Producer Responsibility：EPR〕」と呼ばれる）の傾向が現れていることが注目される（本書❶参照）。

コラム❸-3　「拡大生産者責任」

「拡大生産者責任」とは、2000年のOECDガイダンスマニュアルによれば、「物理的及び／又は金銭的に、製品に対する生産者の責任を製品のライフサイクルにおける消費後の段階まで拡大させる、という環境政策アプローチ」である。すなわち、拡大生産者責任には、物理的責任（回収・リサイクル等の実施の責任）と金銭的責任（費用支払責任）の双方が含まれる。これは、従来自治体が回収・処理をしていた一般廃棄物について、製造事業者等に回収・リサイクルの責任ないしその費用負担を負わせることを主たる内容としている。この考え方は、循環型社会形成推進基本法、容器包装リサイクル法、家電リサイクル法、自動車リサイクル法でも採用された。

この考え方のもとでどうして生産者等の事業者に回収・リサイクルの費用の負担を行わせるのがよいかというと、それは、製品システムにおけるマイナス面（外部性）に対処する費用（廃棄物処理、リサイクル等の費用）を製造者に負担させることが、製品の設計を通じて、製品のライフサイクル全体でもたらされる環境負荷を最小化するからである。言い換えると、生産者等の事業者が、最も環境適合的な製品を作り出す（環境配慮設計：Design for Environment〔DfE〕）能力・情報をもっているからである。この費用を生産者等に支払わせ製品の販売価格に反映させれば、リサイクルしやすい製品を作ったほうが生産者等は製品の価格を安くすることができ、製品の販売市場を使って環境適合的な製品を作ることができるのである。その基本的な発想はOECDの汚染者負担原則と同様である。「拡大生産者責任」においては、「汚染者」の概念が「市場における製品の製造から廃棄までの循環についてコントロールする力をもっている者」に置き換えられているといえる。

4 誰が環境を守るのか
▶国・地方公共団体・事業者・市民・環境NPO等それぞれの役割

> **設例** 環境法においては、どのような主体が「環境保護の主体」となって、環境保護活動を行っているのであろうか。環境法をみてみると、環境保護の主体として、まず国と地方公共団体が登場するが、両者はどのように役割分担をしているのであろうか。また、事業者・市民・環境NPOなどの主体も、環境保護の主体として重要な役割を果たしているのであろうか。

1 環境保護の主体は、行政（国と地方公共団体）だけなのか？

　環境法においては、「環境に負荷を発生させる者（環境負荷発生者）に対して、どのように合理的な意思決定をさせるのか」という形で、環境負荷発生者に注目が集まることが多い。しかし、一方で、国や地方公共団体といった行政主体も、環境保護の主体として重要な役割を果たしている。さらに、現在では、事業者・市民・環境NPOなどの主体も、環境保護の主体として重要な役割を果たしている。そして、環境法は、これらの各主体を「環境保護の主体」ととらえている。

　ところで、環境法の学習を楽しくするコツのひとつとして、環境負荷発生者の「意思決定」に対して、どのようにして合憲的・合法的に影響を与えることができるかについて考えることがあげられる。そのうえで、「法システムの制度設計者」の視点から、上記であげた各主体が意思決定をするにあたっていかに環境配慮をさせるかについて考えてみると、さらに環境法の学習は楽しくなるであろう（コラム❹-1参照）。

　以下、本章では、環境保護の主体として、国・地方公共団体といった行政主体のほか、事業者・市民・環境NPOなどの主体を取り上げて、それぞれの主体の役割について考えてみよう。

2 国と地方公共団体にはどのような役割があるのか？

　国と地方公共団体の役割分担を確認することで、国と地方公共団体の役割をみてみよう。なお、この問題については、2000年のいわゆる地方分権改革によって大きく状況が変化しているので、同改革の内容も踏まえたうえで国と地方公共団体の役割分担を確認してみよう。

　日本国憲法は、「地方公共団体の組織及び運営に関する事項は、地方自治の本旨に基いて、法律でこれを定める。」（92条）と規定しているが、地方分権改革以前は、住民の選挙によって選出される地方公共団体の代表である都道府県知事や市町村長を、税務署長や法務局長といった国の出先機関の長と同様に位置づける**機関委任事務制度**が、まさに中央集権型の行政システムを形成する一方、**地方自治**を阻害しているといわれていた。

▶1 **NPO**
営利を目的にしていない民間非営利組織（Non-Profit Organization）の略称である。なお、NPOは、法人格の有無は問わない組織であり、実際にも法人格を取得していない環境NPOは少なくないが、団体としては、法人格を有している方が継続して活動を実施しやすい。もっとも、1998年に「特定非営利活動促進法」（NPO法）が制定され、現在では、法人格の取得が容易になった。

▶2 **機関委任事務制度**
都道府県知事や市町村長を国の下部組織として構成し、国の事務を処理させる仕組みである。機関委任事務は、法制度上は「国の事務」であるにもかかわらず、都道府県で処理される事務の7〜8割、市町村で処理される事務の3〜4割を占めるといわれるほど広範な分野に及んでおり、これがまさに地方自治を阻害しているといわれていた。

▶3 **地方自治**
その地域の政治や行政を国の行政から切り離し、地域の住民に委ねて、地域住民の意思と責任において行う地方行政のやり方である。地方自治には、①国から独立した法人格を持つ地域の団体に地方行政をあたらせる「団体自治」と、②地方行政を国からの干渉を排してその地方の住民の意思で自主的に行わせる「住民自治」という2つの要素がある。

その後、地方分権改革によって2000年に施行された**地方分権一括法**に基づいて、機関委任事務が廃止され、事務自体をこの際廃止するもの及び国が直接行うこととされるものを除いて、なお存続する事務は「地方公共団体の事務」とされた。

1999年改正の地方自治法は、地方公共団体の存立目的・役割について、「地方公共団体は、住民の福祉の増進を図ることを基本として、地域における行政を自主的かつ総合的に実施する役割を広く担うものとする。」としている（1条の2第1項）。そのうえで、同法は、地方公共団体の役割が十分に発揮されることとなるように、国は、①国家存立にかかわる事務、②全国的に統一すべき基本的準則に関する事務、③全国的規模・視点に立って実施すべき事務などの「国が本来果たすべき役割」を重点的に担うこととし、「住民に身近な行政はできる限り地方公共団体にゆだねることを基本として、地方公共団体との間で適切に役割を分担するとともに、地方公共団体に関する制度の策定及び施策の実施に当たつて、地方公共団体の自主性及び自立性が十分に発揮されるようにしなければならない。」としている（1条の2第2項）。

地方公共団体は、法律の範囲内で条例を制定することができる（憲法94条）。ただし、地方公共団体の事務といっても、そこには国が全国統一的な観点から規定する事項も関係するため、条例で何でも規定できるわけではない。また、国の役割に関する事項が条例の対象外なのは当然である。しかし、上記の地方自治法の規定（1条の2第2項）を踏まえれば、法律の実施にあたっては、地方公共団体が、規制内容を地域の実情に合わせるべく条例で対応できる余地を広く認めることが求められよう。具体的には、全国的に対応が必要であると考えられる環境政策について、国が法律で枠組的な仕組みを作り、その枠組的な仕組みのもとで、地方公共団体は、条例に基づいて、それぞれの地域の特性に応じて基準や手続の追加ができるようにすることが求められよう。そのほか、法律の規制がない領域においても、それが地方公共団体の事務である限りは、独自に条例を制定して環境施策を展開することも求

▶4 地方分権一括法
地方分権改革を推進するにあたって法律改正等を必要とする475本の法律を一括して取りまとめ、1本の法律の形で実現しようとしたものであり、2000年4月1日に施行された。改正された475もの法律の中で、もっとも中心となる法律は「地方自治法」である。

コラム❹-1　人間の「意思決定」に着目して、「制度設計者」の視点で考えてみよう！

環境法学習を楽しくするコツのひとつは、「法システムの制度設計者」の視点から環境法をみることである。具体的には、「この制度は、どのような考え方・政策に基づいているのか」「どのような仕組みで、誰の意思決定に影響を与えようとしているのか」「どのような方向に行動を変えようとしているのか」「この法律は、他のどのような法律とどのように関係し合っているのか」「法律に書かれているように、本当にうまく機能しているのか」「どこをどのように直せば法目的が実現できるのか」といった分析視角を持つと、環境法学習がおもしろくなる。

さらに、環境法は人間の「意思決定」に影響を与えることを意図しているから、この観点から環境法をみることが重要となる。環境法が対象とする環境負荷発生行為は人為起因のものであるので、環境法は当該行為者に対してアプローチをするのである。すなわち、環境法は、経済活動をする人間やその集合体としての組織の「意思決定」に着目して、環境に負荷を与える負荷発生をする人に対して法的にアプローチをするものである。

このように、目標とする環境状態を達成するために、環境負荷発生者の意思決定に対して、どのようにして合憲的・合法的に影響を与えることができるのかを考えると、環境法学習がおもしろくなる。そのためには、環境負荷発生者がどのようにして行動を決定するのかを知ることが重要となる。そのうえで、「どのような法制度にすれば、目標とする環境状態を達成することができるのか」について、「制度設計者」の立場に立って考えてみるとよいであろう。環境法は、きわめて実践的な法なのである。

められよう。

3　環境保護の主体として、事業者にはどのような役割があるのか？

■展開例1　ある事業者Aが自らの施設から排出された産業廃棄物を処理業者Bに委託したところ、その処理業者は当該廃棄物を不法投棄していた。排出事業者Aは、「適法に」処理業者Bに委託したので、産業廃棄物の処理責任はないといえるのか？

産業廃棄物（本書⓫参照）の処理について、排出事業者は、自分で処理するのでなければ、行政から許可を受けた産業廃棄物処理業者に委託をして処理をしてもらうことになる。排出事業者は、処理業者に委託するという場合、委託の契約をして委託料金を支払うことになるが、当該料金は「契約自由の原則」によって、自由に決めることができる。

ところで、多くの人々は、一般的に「ごみ処理にお金をかける」という発想がないように思われるが、一般企業も、できる限りごみを安く処理したいと考えている。排出事業者は、許可を受けた産業廃棄物の収集運搬業者と契約をして当該廃棄物を委託するということになるが、この収集運搬業者は、現実には「供給過剰状態」となっている。その結果、適正処理など不可能な安い値段で契約が締結されることが少なくない。しかも、従来は、たとえ受託業者が不法投棄をしたとしても、「適法な契約」をしている限りは、委託した排出事業者に責任はないという法システムになっていた。

しかし、廃棄物を適正処理するためにはそれなりのお金がかかる。そして、適正処理できるほどのお金がない収集運搬業者等が、当該廃棄物を不法投棄することが少なくなかった。そこで、2000年改正廃棄物処理法は、排出事業者の責任を強化し、最終処分がされるまでのプロセスをきちんと監視・管理する責任を明確にした。具体的には、排出事業者が、適正対価を支払わなかったり、不法投棄がされることを知ることができたような場合には、たとえ委託基準を守って「適法に」委託していたとしても、受託業者によって不法投棄された廃棄物を撤去して適正処理することを内容とする措置命令を受けることがあるという法システムに変更された（廃棄物処理法19条の6）。

一般に、事業者は、個人よりも環境に対して格段に大きな負荷をかけている。しかも、事業活動は、利潤の獲得を目的としているが、その結果、環境保護の配慮はどうしてもおろそかになりやすい。しかし、事業者は、「事業活動を行うに当たっては、これに伴って生ずるばい煙、汚水、廃棄物等の処理その他の公害を防止し、又は自然環境を適正に保全するために必要な措置を講ずる責務を有する」（環境基本法8条1項）ほか、「物の製造、加工又は販売その他の事業活動を行うに当たって、その事業活動に係る製品その他の物が廃棄物となった場合にその適正な処理が図られることとなるように必要な措置を講ずる責務を有する」（同法8条2項）。このように、事業者には、いわゆる「拡大生産者責任」（EPR）および「環境配慮設計」（DfE）が求められるのである（うらみ❸-3参照）。

4　環境保護の主体として、市民にはどのような役割があるのか？

個人の自由を最大限に尊重する自由主義のもとでは、市民は、法律によっ

➡5　契約
物の売買における売主と買主といった2人以上の対等当事者が「合意」することによって、権利義務関係を作り出す行為である。

➡6　契約自由の原則
契約の内容や形式をどうするか、契約を結ぶか結ばないかは、当事者の自由であるという原則である。

て禁止されていない事柄は何でもできるというのが建前である。実際、市民は、それぞれ自由にいろいろなものを作り出し、またいろいろなものを利用しながら日々生活している。しかし、今日では、物質文明の便益に満ちあふれた日々の暮らしのなかで、意識せず何気なく行っている行為によって、いつの間にか地球規模の環境悪化に加担しているという現実がある。たとえば、自動車に乗るという行為自体は、法律によって禁止されているわけでもないし、特に道徳的に避難されるようなものでもない。しかし、自動車から排出されるガスが地球温暖化（本書❶参照）の原因のひとつとされているので、多くの人が日常的に利用する自動車によって地球温暖化を進行させていることになる。

そうすると、われわれ市民は、自家用車を勝手気ままに乗り回すのではなく、徒歩、自動車、公共交通機関、自家用車といった種々の交通機関を適宜使い分けるように心掛けることが求められよう（地球温暖化対策推進法6条）。また、地方公共団体が「ノーマイカーデー」のような政策を打ち出したときは、可能な限りそれに協力することも望まれよう。

現代社会においては、私たち市民全員が、環境悪化を招く行為を繰り返しながら毎日を暮らしているというのが実情である。しかし、われわれ市民は、「環境の保全上の支障を防止するため、その日常生活に伴う環境への負荷の低減に努めなければならない」（環境基本法9条1項）であろうし、「環境の保全に自ら努めるとともに、国又は地方公共団体が実施する環境の保全に関する施策に協力する責務を有」（同法9条2項）しているといえよう。

とはいっても、私たちは、具体的に自分がどうしたら地球温暖化の防止に貢献できるのかわからないことが多い。このような状況では、自らの普段の暮らしが地球規模の環境問題に結び付いているといっても、刑罰という手段を用意しても実際にはうまく機能しない。そこで、金銭的な負担を課すことによって人々の行動を一定方向へと誘導する手法が用いられることがある（本書❺参照）。たとえば、一定の時間に一定の区域に車を乗り入れた場合に

コラム❹-2　ナショナル・トラスト運動

「ナショナル・トラスト（National Trust）運動」とは、野放図な開発や都市化の波、そして相続税対策などから貴重な自然環境や価値ある歴史的建造物などが破壊されることを未然に防止するため、住民や地方公共団体が中心になって国民から寄付金を募って当該土地や歴史的建造物を買い取り、また、寄贈や遺贈を受けて当該土地や歴史的建造物を取得し、あるいは、所有者等と保全契約を締結するなどの方法によって、当該土地や歴史的建造物を保存・維持・管理・公開をすることで、次世代に残していくことを目的とした市民運動である。ちなみに、Nationalは「国民の」という意味で、Trustは「信託」あるいは「基金」という意味である。

ナショナル・トラスト運動は、19世紀末に英国で始められたが、わが国においては、鶴岡八幡宮の裏山の宅地造成計画に反対した住民が1966年に造成予定地の一部を買い取り、宅地造成事業が中止された「鎌倉風致保存会」の活動が最初の例とされるが、その後、北海道知床半島での「知床100平方メートル運動」や和歌山県天神崎での「市民地主運動」を契機に、各地の運動と連携し、より広く大きな運動とする動きが見られるようになっていった。以上からもわかるように、ナショナル・トラスト運動は、元々は歴史的建造物の保護を目的とした運動であったが、後に貴重な自然地域を買い取って保護する活動にも拡大された。

わが国のナショナル・トラスト運動については、①チャリティーの伝統が少ない、②地価が高いほか、土地が多くの所有者に細分化されている、③税の優遇措置が不十分であるなど、さまざまな障害が存在する。もっとも、2001年に租税特別措置法が改正され（66条の11の3）、国税庁長官の認定を受けたNPO法人（認定NPO法人）に対する寄付については、税制上の優遇措置が講じられることとなった。しかし、その認定を受けるための要件は厳しいので、今後は、その要件を緩和することが期待される。

は、一定額のお金を徴収するといった政策を採用するのである。

しかし、そもそも自分の行為が環境破壊につながっているという認識が薄い市民が少なくないので、意識の啓発に努めることが要求されよう。また、大人になってしまうと生活習慣を改めるのは難しいので、子どものうちから環境教育を実施することも重要となろう。

5 環境NPOにはどのような役割が期待されるのか？

一般的に、環境法の実施は行政の任務であるが、行政が当該任務を実行するためには、それなりの人員と予算が必要である。しかし、国にせよ地方公共団体にせよ、環境行政に割り当てられる人員・予算はきわめて少ないのが現状である。たとえば、国立公園（本書⓭参照）では、広大なエリア内に「レンジャー」と呼ばれる管理官がわずか数名というのが通例であり、その専門性が発揮されているとは必ずしも言い難い。また、産業廃棄物の大量不法投棄事件も、ひとつの要因としては、職員数が少ないために十分な注意を払うことができなかったことがあげられる。

そこで最近では、法律の枠組みのなかで環境NPOを法律実施のパートナーとして位置づける例が増えている。たとえば、自然公園法は、国立公園や国定公園における風景地の保護と適正利用を目的として設立された特定非営利活動法人を「公園管理団体」として指定して、植生復元や登山道の巡視・補修など一定の業務を実施させることができると規定する（49〜54条）。

以上のように、今後は、国や地方公共団体といった行政と環境NPOとが連携して、さまざまな環境問題に取り組むことが求められよう。実際、今日の環境問題を考えるにあたっては、環境NPOの果たす役割を無視することはできない。環境NPOに対しては、①国や地方公共団体に対して提言を行うこと、②ある特定の問題について必要な専門的知見を示すこと、③自然環境の保全を図るのに必要な労力を提供すること、④知識の普及や環境教育を行うこと、などの役割が期待されるほか、将来世代の代弁者としての役割も期待されよう（コラム❹-3参照）。

6 いわゆる「市民参画」は必要ないのか？

> ■展開例2　いつも散歩している丘陵地帯に開発計画が持ち上がった。かなりの面積の森林を伐採して、リゾート施設を建設するようである。しかし、この丘陵地帯には貴重な自然が残されているほか、多くの野生生物も生息している。このような良好な環境を守るために、市民や環境NPOが環境に関する決定に参画することはできるのか？

従来の環境法の法システムにおいては、環境に大きな影響を与えるような開発計画が決定されようとしている政策形成過程や政策実施過程に市民や環境NPOが参画することは極めて限定的に認められるにすぎなかった。しかし、環境に関する決定は、多くの人の関心事であるがゆえに「公共性」の高いものである。行政と土地所有者だけで決定するのでは、正当性・正統性に欠ける。そこで、土地所有者はもちろん、当該土地が構成する環境空間に対して関心を持つ市民や環境NPOなどにも政策形成過程や政策実施過程に参画させて、議論をしたうえで決定をするような法システムが必要であろう。

もっとも、現在では、1993年に制定された行政手続法において、市民参

画を実現しようとする条文がいくつかみられるが、問題は少なくない。たとえば、行政手続法は、許認可を拒否する処分をする場合にのみ、申請者に対して理由を明示する義務を行政に課している（8条1項）が、逆にいえば、申請を認める許可処分の場合には、許可理由を明示する義務はないことになる。しかし、林地開発許可（森林法10条の2）や産業廃棄物最終処分場設置許可（廃棄物処理法15条）のように、自然環境に影響を与える行政処分の場合には、開発に反対する住民にとっては、「なぜ許可されたのか」が知りたいところである。そこで、環境に影響を与えるような行政処分については、許可理由を明示させるような手続が求められよう。

また、行政手続法は、付近住民などの第三者の意見を聴く機会を設けるべき旨を定めている（10条）が、このような第三者の意見を聴く機会を設けることは行政側の努力義務とされているにすぎず、義務づけられているわけではない。しかし、環境に重大な影響を与えるような施設を設置するにあたっては、土地利用者ばかりではなく、市民や環境NPOなどを含めた幅広い利害関係人の参加こそ市民の合意形成のためには欠かせない。

ところで、十分な参画ができずになされた行政決定に不満を抱いている市民は、事後的に行政訴訟（本書❼参照）を提起すればよいと考えるかもしれない。たしかに、2004年の行政事件訴訟法の改正によって**原告適格**が拡大され、訴訟提起にあたってのハードルは低くなった。将来的には、広く市民に訴訟を認める市民訴訟や、環境NPOなどの環境団体に特別の訴権を付与する団体訴訟といった**環境公益訴訟**が制度化される可能性は低くない。しかし、それでもなお、訴訟には大きなコストがかかる。とすると、やはり、行政手続を充実させて、十分な議論がされるような対応が必要といえよう。

➡7　原告適格
訴訟を利用するためにクリアすべき条件（訴訟要件）の1つであり、訴えを提起した者に提訴を認める資格のことである。訴訟要件を満たしていない訴えは、内容の審理に入ることなく、「却下」（門前払い）されることとなる。

➡8　環境公益訴訟
環境利益を守るため、自己の法的利益を侵害されたか否かにかかわらず、行政や企業等に対して、違法な行為の差止め、是正、環境損害の回復等を求める訴訟をいう。環境公益訴訟の形態としては、アメリカやオーストラリアのように、広く市民に訴訟を認める「市民訴訟」もあれば、ドイツのように、環境NPOなどの環境団体に特別の訴権を付与する「団体訴訟」もある。

コラム❹-3　将来世代への配慮

他の法分野と比較した場合の環境法の特徴として、現在の世代のみならず、将来世代のことも考えて、制度設計なり解釈をする必要があることがあげられる。環境法は、太古の昔から存在し、未来へと継承される環境に関する法であるため、将来世代がその便益を十分に享受できるように環境を管理すべきであるという発想を必然的に持つのである。

日本国憲法は、基本的人権の保障が「現在及び将来の国民」に対して与えられると規定している（11条、97条）ほか、環境基本法（1条、3条）や土地基本法（2条）などの立法や行政の基本方針を示す基本法も、将来世代への配慮を明確に規定している。

ところで、将来世代は、将来、環境に重大な影響を及ぼすような決定がなされようとしていたとしても、現在のさまざまな決定に対して、実際に声をあげて意見を言うことはできない。とすると、現在世代が環境に影響を与える行為について何らかの意思決定をするという場合に、将来世代のことも十分に考慮したうえで意思決定をすべきであろう。現在世代の効用を最大化することのみを考えるのではなく、「将来世代のために現在世代が遠慮する」ことが、環境法の基本的な考え方のひとつといえよう。別の言い方をすれば、「現在世代のために将来世代が我慢をする」のではなく、「将来世代のために現在世代が我慢をする」必要がある。

21世紀初頭に生きる私たちは、自分自身を「現在世代」であると認識している。しかし、日本の高度経済成長期といわれる1960年代には、私たちが「将来世代」であった。現在の環境状態は必ずしも十分に良好であるとはいえないが、それは、当時の現在世代が私たちの世代への配慮を欠いた経済活動を行っていたからである。私たちからみた「将来世代」との関係で、同じ失敗を繰り返してはならない。

どのような方策で環境保護がなされるのか
▶環境政策手法論

◆1 硫黄酸化物
石油や石炭等の化石燃料を燃焼させる際などに排出される。硫黄酸化物は大気中の水と反応して、酸性雨の原因にもなる。硫黄酸化物による大気汚染問題としては、四大公害のひとつである四日市公害が有名である。当初は高煙突化、その後は、重油からの脱硫技術・排煙からの脱硫技術の導入、天然ガスへの燃料転換等によって対処がなされた。

◆2 行政指導
行政機関がその任務または所掌事務の範囲内において一定の行政目的を実現するため特定の者に一定の作為または不作為を求める指導、勧告、助言その他の行為であって公権力の行使を伴わないものをいう（行政手続法2条6号参照）。行政指導には法的拘束力はなく、私人に対してその内容を強制することはできない。

◆3 公害防止協定
工場や産廃処理施設等と、地方公共団体（とりわけ市町村）ないし住民団体等との間の、公害防止・環境保全のためになされるべき措置等に関する合意。その内容は多様であるが、具体性のある合意がなされたならば（たとえば産業廃棄物最終処分場の使用期限）、契約として法的拘束力が認められる。

設例 ①ある工場の煙突から大気中に、硫黄酸化物◆1（大気汚染、呼吸器系疾患の原因となる）が排出されていたとする。脱硫装置を導入すれば硫黄酸化物の排出はかなりの程度削減できるが、そのコストの負担を嫌って、工場はこれを行わない。政策決定者はどのように対処すべきであろうか。②工場から出るCO_2（温室効果ガスのひとつ）を削減させようとする場合はどうか。

1　環境政策の手法とは

　設例①のような場合、付近の住民は、民事訴訟を提起することによって、排出行為の差止めを求めたり、健康被害等を被った場合には事後的に損害の賠償を求めたりすることができる。

　しかし、このような対応では、生命・健康・生態系等に不可逆的な被害が生じ手遅れになる可能性がある。あるいは、自動車からの排出ガスや、家庭からの排水による水質汚濁、設例②のCO_2のように、1つひとつの排出行為は取るに足らないものであって、それらを捉えて民事訴訟を提起することはできないが、それらの些細な汚染行為が集積すると重大な公害や環境負荷をもたらすというような場合もある。そのような場合には、汚染（ないしそのおそれ）が生じてから民事訴訟によって人々の権利利益を調整するというのでは不十分であり、汚染や環境負荷物質の排出を事前に抑止するための仕組みが必要となる。そこで、環境負荷物質の排出を停止ないし削減するように、企業等にあらかじめ働きかけるということが政策課題となる。以下では、環境政策の様々な手法のうち、企業等に対し、環境保全の取り組みを進めるような動機づけ（インセンティヴ）を与えるいくつかの手法について取り上げる。

　企業等に対して環境保全の取り組みを行うよう働きかけるという場合に、まず考えられるのは"説得"である。行政指導◆2によって環境負荷物質の排出削減を企業に促すこと、あるいは、企業に対し、公害防止協定◆3を締結するよう促すことなどが考えられる（「行政指導手法」、「契約手法」）。しかし、これらは、排出企業のいわば善意に頼るという面もあるので、相手方が働きかけを無視する場合にはそれ以上打つ手がない。

　企業等への働きかけとして最も強力なのは、法律や条例によって、企業等に対し、環境負荷物質の排出削減等を義務付ける「規制的手法」である。義務に違反した企業に対してはたとえば罰則を適用することで、強制力を伴う形で環境保護という政策目的を実現することができる。以下、これを最初にみる。次に取り上げるのは、企業等に対し、金銭を賦課したりあるいは逆に付与したりすることを通じて、環境保全の取り組みを行う動機づけ（インセンティヴ）を与える「経済的手法」である。最後に、国や地方公共団体が、

情報提供などを通じて、企業等に対して働きかけを行う「情報的手法」についてみることとする。これらの政策手法は、一言でいえば、それぞれ、公権力、金銭、情報を用いて、環境保全のための取り組みを行うよう企業等の意思決定過程に働きかけ、それらの主体の行動を変化させることを目的とするものである。

2 規制的手法

(1) **古典的な規制的手法** たとえば、設例①の硫黄酸化物や、水銀・カドミウム・鉛といった重金属は、一定量以上体内に摂取されると人の生命や健康を危険にさらす。そこで、これらの有害物質の環境中の濃度が一定程度以下になるよう環境政策の目標を定め（**環境基準**）、その目標を達成するために、工場等からの排出ガスや排水にこれらの有害物質が一定濃度以上含まれないことを法令によって義務付ける（排出基準・排水基準等の規制基準）といった手法が用いられる。規制基準の遵守は、最終的には**行政代執行**や刑罰という権力的な手段によって担保される。これが、典型的な公害規制の方法である（大気汚染について本書❽、水質汚濁について本書❾を参照）。

(2) **柔軟な規制的手法** これに対して、たとえば、CO_2のような温室効果ガス（設例②）については、地球全体で排出量を削減することが目標なのであって、その工場からの排出量の削減にこだわる必要はない。このような問題の特質を反映して、この分野では、次のような「柔軟な」規制的手法が用いられている。すなわち、EUや東京都では、温室効果ガスを多く排出する個々の工場・事業所に対して、温室効果ガスの排出上限値を設定し（キャップ）、この排出上限値を超える温室効果ガスの排出を禁止するとともに、この排出上限値を超えて温室効果ガスを排出することを望む企業（資料❺-1のA社。業績が伸びている企業などはそうなることも多いであろう）が、当該年度において、決められた排出上限値よりも少ない量しか排出しない見込みである他の企業（資料❺-1のB社）から、いわばその「余っている」排出枠を購入

→4 **水銀**
有機水銀と無機水銀とがあるが、前者が体内に摂取されると、強い中枢神経障害を引き起こす。チッソ水俣工場からの排液に含まれていた有機水銀種が魚介類に蓄積され、それを摂食した多くの人々に中枢神経系疾患（水俣病）が顕れた。

→5 **カドミウム**
精錬工場などにおいて、呼吸器を通じてカドミウムを摂取した労働者は、肺気腫・腎障害・蛋白尿といった慢性中毒症を発症する。発がん性物質でもある。四大公害のひとつであるイタイイタイ病の原因物質としても知られる。

→6 **環境基準**
人の健康を保護し、生活環境を保全するうえで維持されることが望ましい環境上の条件として定められた基準。大気の汚染、水質の汚濁、土壌の汚染、騒音、ダイオキシン汚染に関して定められている（環境基本法16条、ダイオキシン類対策特別措置法7条参照）。

→7 **行政代執行**
他人が代わりに行うことのできる行政法上の私人の義務（代替的作為義務）について、義務者がこれを履行しない場合に、行政代執行法に基づき、行政機関が、義務者に代わって義務者がなすべき行為をし、あるいは第三者にこれを行わせ、その費用を義務者から徴収することをいう。

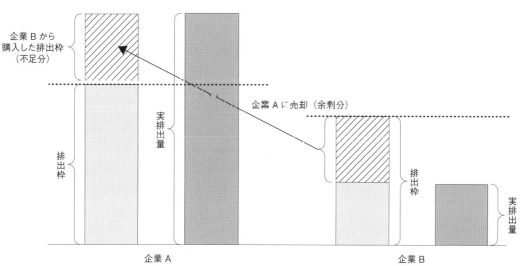

資料❺-1 排出枠の設定と取引のイメージ

出所：環境省資料より

して（トレード）、自らの工場・事業場における排出上限値を、購入した排出枠の分だけ超過して温室効果ガスを排出することを認めるという制度——排出枠取引制度（キャップ・アンド・トレード）——を導入している。これは、規制基準を遵守するために事業者がとりうる選択肢を増やす手法であり、「柔軟な」規制的手法と性格づけることができる（経済的手法という位置づけも可能であることについて、以下3(4)およびコラム⓯-2を参照）。

また、設例②の温暖化対策（本書⓯参照）やリサイクルの推進等による循環型社会の構築（本書⓫参照）といった分野に関しては、特定の経済活動が生命・健康等への被害に直結するわけではない（しかし、そうだからといって、対策を遅らせてよいというわけではない）。他方、このような問題を解決するためには、短期的・対処療法的な対策ではなく、生産や消費、さらには社会構造全体を、中長期的に変革してゆくことが求められる。たとえば、省エネ型あるいは省資源型の製品の開発を促してゆかねばならないが、そのためには排出基準のような規制値を設定してその遵守を義務付けるよりも、次に述べる経済的手法などによって、企業に対し、省エネ・省資源化技術の開発を促してゆくことが適切な場合がある。もっとも、このような分野においても一種の「規制的手法」は用いられている。ひとつのやり方は、行政が、事業者向けの環境保全のための取り組みのためのガイドラインのようなもの（法令上の用語では「事業者の判断の基準となるべき事項」という）を設定・公表し、このガイドラインに沿った取り組みを事業者に対して求めてゆくというものである。ガイドラインに照らして、取り組みが著しく遅れている事業者については、行政機関が勧告を行い、それでも対処しない事業者については、事業者名の公表や、命令をするというように、行政機関の措置が段階的に強化され、最終的には刑罰が科されるという仕組みとなっている。しかし、実際には、強制力のある命令・刑罰のような伝家の宝刀はこれまで抜かれたことはなく、実際には、ガイドラインに基づいてせいぜい勧告や公表が行われているにすぎない。温暖化防止の分野では、省エネ法（本書⓯参照）や**エネルギー供給構造高度化法**、省資源・リサイクルの分野では、資源有効利用促進法、容器包装リサイクル法等の法律にこのような手法が規定されている。

（3）**手続的な規制**　事業者に対して、たとえば、（汚染物質の排出基準の遵守を義務付けるなど）環境保全のための実体的な義務を課するのではなく、環境保全のための一定の手続の履践を求めるというタイプの規制もある。典型例としては、環境に重大な影響を及ぼす可能性のある一定の事業について、事業開始の前に、その事業の実施が環境にどのような影響を与えるか、調査・予測・評価することを義務付ける「環境影響評価（環境アセスメント）制度」がある（もっとも、環境影響評価法は、手続的な規制にとどまらず、実体的な規制という面も併せもつ。本書❻を参照）。

ほかにも、たとえば産業廃棄物の最終処分場（本書⓫を参照）の許可申請の前に、産廃業者に対して、地元住民との間で意見交換の場を設けるなどの手続を履践することを義務付ける条例が全国各地で制定されている。これは、産廃処分場建設に伴う紛争の回避を目的として、手続上の義務を事業者に課す手続的規制とみることができる。

➡8　**エネルギー供給構造高度化法**

非化石エネルギーの利用の拡大、化石燃料の有効利用の促進により、エネルギーの安定供給を確保することを目的として2009年に制定された。電気・石油・ガスの大手事業者に、再生可能エネルギーや原子力などの非化石エネルギー源の利用を促す。中長期の目標を定め、事業者に計画の作成・提出を求めるとともに、取り組みが不十分な事業者には罰則を課す。たとえば、小売電気事業者の2030年度における非化石電源の比率を44％以上とすることを求めている。この法律は、2022年に改正され、水素とアンモニアが非化石エネルギーとして位置づけられた。また、CO_2の回収・貯蔵施設（CCS）を伴う火力発電を法律上に位置づけ、その利用の促進を図ることとした。

3 経済的手法

(1) **意　義**　経済的手法とは、環境負荷物質の排出削減への経済的な動機づけを政策的に与えることによって、企業などに対し環境負荷物質の排出削減を促す手法をいう。省エネ設備を導入するための投資に対し補助金を交付するとか、逆に、化石燃料の消費に課税をするなどして排出削減行動を促す（温暖化対策税あるいは炭素税。コラム⑮-2参照）というのがその典型例である。

(2) **税の軽減、補助金、環境税**　環境保全に資する行為に対して経済的な助成を行う手法の例としては、大気汚染物質の排出が少なく、かつ、燃費にすぐれた自動車について、自動車税、自動車重量税を軽減するいわゆる自動車グリーン税制や、高い燃費基準をクリアした自動車を購入する際に交付されるエコカー補助金をあげることができる。他方、わが国においては、環境に負荷を与える行為に金銭的な負担を課するという方向での経済的手法の例は少ない。しかし、そのような手法（代表例である「環境税」）には、次のような長所がある。①規制的手法の場合には、規制基準をクリアしてしまえば、規制値以上に環境負荷物質（たとえば、温室効果ガス）を削減しようというインセンティヴは存在しない。これに対して、環境負荷物質の排出量に比例させて環境税を課する場合、環境負荷物質を排出し続ける限り金銭的な負担がかかり続けるので、企業において現状より少しでも排出削減をしようという動機づけが生じる。環境税は、環境負荷物質をより一層削減できる技術の開発を促す効果をもつ。②規制的手法の場合と異なり、環境負荷物質の排出削減には莫大な費用がかかるという企業は、環境税を払って環境負荷物質を排出し続けることができる。他方、環境税を払うよりも安い費用で排出削減を行うことができる企業は、環境負荷物質の排出削減を進めることになろう。このように、環境税の場合、企業に対し一律に排出削減を義務付ける規制と異なり、排出削減のための費用が多くかかる企業には無理に排出削減を強制せず、安い費用で排出削減をすることができる企業に排出削減を促

コラム⑤-1　認証マーク

たとえば、環境への負荷が少ない様々な商品に付されている日本環境協会のエコマーク、適正に管理された森林から産出した木材などに認証マークを付す国際森林協議会（FSC）の森林認証制度、環境に配慮した持続可能な漁業によって収穫された水産物に認証マークを付す海洋管理協議会（MSC）が運用する海のエコラベル制度がある。これらは、必ずしも国・地方公共団体が行うものではなく、本章1で述べた意味で「環境政策の手法」ということはできない。信頼性の高い認証システムが市場において運営されるようになり、環境意識の高い消費者が環境にやさしい製品を選択し、購買するようになると、政府はもはや介入する必要がなくなる。このような段階になると、市場当事者の自律的な行動により、環境にやさしい製品の開発・製造・販売・購入が進む。このような自律的で責任ある市場の基盤を創り出すことは、政府の重要な役割のひとつである。

すということが可能になる。このようにして、社会全体としては（一律規制よりも）相対的に安い費用で、環境負荷物質の排出を削減することができるのである。

　環境税の導入に適しているのは、たとえば、長期的な観点から環境負荷物質を大幅に削減していかなければならず、そのために環境負荷物質削減技術の開発を継続的に促していく必要のある分野（設例②の温暖化対策など）である。他方、生命や健康を脅かす化学物質等について、即座に排出削減のための措置をとらせる必要がある分野（設例①などの伝統的な公害規制）については、経済的手法のみを単独で用いることは適切でない。

　(3)　**再生可能エネルギーの固定価格買取制度**　　2012年7月には、再生可能エネルギーの**固定価格買取制度**がスタートした。この制度は、太陽光、風力、水力、地熱、バイオマス発電といった再生可能エネルギーによって発電された電力について、電気事業者に対し、これを固定価格で一定期間買い取るよう義務付けるものである。買取費用は、最終的には電力需要家が支払うことになる。再生可能エネルギーの発電コストが、石炭や天然ガス火力等の見かけの発電コストと比較して割高であったとする。そのような場合であっても、再生可能エネルギーの買取価格が投資に十分見合うほど高く設定されていれば、再生可能エネルギーの普及が進み、規模の経済が働いて太陽光パネルや風車等の機器の製造コストも下がる。このように、固定価格買取制度は、その時点で他の電源に比べて価格競争力がないと考えられている再生可能エネルギーについて、いわばゲタをはかせ、その普及を促す手法である。買取のためのコスト負担を、納税者ではなく電力需要家に求めるという点で先にみた補助金とは異なるが、環境にやさしい技術の普及のために、国が法律により経済的インセンティヴを設定するというものであり、これも経済的手法のひとつと整理することができよう。

　(4)　**排出枠取引制度**　　この制度は、前述したように「柔軟な規制的手法」と性格づけることができるものであるが（本章2(2)）、次の意味で、経済的手法とも位置づけうるものである。**資料❺-1**の例でいうと、企業Bは、自社からの排出量を削減すればするほど、企業Aなど他社に売却する排出枠が増え、売却益も増える。企業Aも、排出枠の購入量を減らすため、排出削減のための努力をするであろう。この制度の導入により、環境負荷物質の排出削減の取り組みを進め、あるいは、排出削減につながるような技術革新に取り組む動機づけがいずれの企業にも与えられるのである。

4　情報的手法

　国や地方公共団体が、企業や消費者などに対して環境情報を提供したり、企業に対して環境情報の公表を義務付けたりすることによって、企業や消費者の行動を、環境にやさしいものへと誘導してゆこうとする手法のことをいう。

　(1)　**行政機関等による環境情報の提供**　　一定の製品の製造や消費、サービスの提供等に伴う環境負荷に関する中立的な情報を、行政機関等が、消費者等のステークホルダーに提供するという手法がある。

　たとえば、カーボン・フットプリントとは、**資料❺-2**のように、製品・サービスのライフサイクルの各過程で排出される温室効果ガスの総量をCO_2

➡9　**固定価格買取制度**
2020年の法改正により、以下に述べる①固定価格買取制度に加えて、②再生可能エネルギーを、市場価格に一定のプレミアム単価を加えた額で買い取る制度が導入された。①と②のいずれの制度が適用されるかは、再生可能エネルギーの種類と規模による。

量に換算して製品の包装等の上に表示するものである。消費者および事業者にライフサイクルでのCO₂排出量を把握させ（「見える化」）、消費者が低炭素型の製品・サービスを選択できるようにし、さらには、排出量の少ない製品等の開発・販売へと市場を導いてゆくことを目指すものである。

　カーボン・フットプリントは、製品・サービスの環境負荷に関する中立的な情報を提示する手法であるが、さらに一歩進んで、特定の製品の環境性能が特にすぐれていることを表示するという手法もある。たとえば、製造業者は、省エネルギー性能にすぐれた家電製品等に、省エネラベルを添付して販売することができる。このようにして、特定の製品の環境性能という付加価値に関する情報を、消費者等に対して提供することができる。消費者は、製品どうしを比較して、（たとえ製品価格が高くとも）使用時のエネルギーコストが安い省エネ機器を選ぶこともできる。以上のほかにも、第三者機関の認証を経て、環境性能にすぐれた製品等にマークを添付して販売する仕組みがいくつも設けられている（コラム❺-1参照）。

　(2)　環境情報の提供の義務付け　化学物質のなかには、生命・健康等への被害を防止するためにただちに排出規制をする必要はなさそうであるが、しかしながら他方で、生命・健康等を害するおそれを完全には否定できないようなものが無数にある。そのような化学物質を一定量以上取り扱う事業者に対し、事業者自らが事業所からの化学物質の排出量を算定し、国に報告することを義務付ける制度がある（PRTR制度。本書⓬参照）。国は報告されたデータを集計して公表する。この制度は、第1に、排出者自らに排出量を算定させることにより、自主的取組のための基盤を確立することを目的としている。第2に、情報が公表されることにより、企業の環境パフォーマンスを市民や利害関係者が評価しうるようになる。この手法は、企業の取り組みを"外部の眼"にさらすことにより、企業に対して排出削減の動機づけを与えようとするものである。同様の制度として、温暖化対策推進法に基づく「温室効果ガスの算定・報告・公表制度」がある（本書⓯参照）。

・・

資料❺-2　カーボン・フットプリント

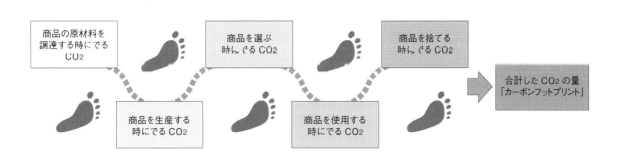

出所：http://www.cfp-japan.jp

6 環境への影響に対する事前の評価が必要なわけ
▶ 環境アセスメント

> **設例** A市に4車線の自動車専用道路（都市計画道路）が新設されることになった。干潟のある海岸に沿った眺望のよいルートが計画されている。着工前に、道路設置が環境に与える影響について調査・予測・評価する環境アセスメント手続が実施される。この環境アセスメントとは、どのような制度か。なぜ、事業が環境に及ぼす影響を事前に評価することが必要なのか？

1 環境アセスメントとは：環境アセスメントがないとどうなるか？

(1) **事業計画の「夢と現実」**　新しい道路を建設する場合、あなたが事業担当者なら、どのような道路を計画するだろうか。車線が多く運転しやすい設計、渋滞のない路線配置、海岸線の美しい景色を眺められる高架構造など、事業計画のスタートは「夢」を描くことから始まる。

あなたは、誰を想定して道路計画を構想しただろうか。社会的インフラの事業計画は、利用者目線になりやすい。社会には多様な利害が存在する。予算、事業期間、地形、周辺の生活環境、自然環境などとの調整が必要となり、事業計画には数多くの制約が伴う。たとえば、干潟を眺める高架ルートはドライバーから歓迎されるだろうが、予算が高額となり、地域景観や干潟に棲む生物の生息環境を悪化させるおそれがある。

事業計画は、利用者にとっての理想図のまま実現することはできず、様々な社会的調整を受けて、社会に適合する形に修正されて実際の道路設計が決定されていく。事業計画の「現実」である。環境保護の観点から、その適合を図る手続が、環境アセスメントである。

(2) **環境アセスメント制度の沿革**　環境アセスメントとは、事業着手に先立って、開発事業に伴う環境影響を事前に調査、予測、評価する（**環境影響評価**）手続である。なぜ、環境アセスメントという固有の手続が環境配慮に必要なのか。アセスメントが要請されてきた経緯と背景をみてみよう。

日本の環境アセスメントは、地方自治体から導入が始まり、福岡県要綱（1973年）、川崎市条例（1976年）を先駆例として、法制定前にすべての都道府県・政令市で採用された。地方レベルで導入が先行した背景には、大規模開発に対する各地での反対運動があった。当時、事業計画の立案・決定は、事業実施関連法に基づいて事業者主体で進められてきたが、地域のインフラ整備は住民にも重大な関心事である。地域の自然環境や生活環境に重大な影響をもたらす開発に対しては、十分な情報公開と地域環境への適切な配慮が求められた。そのための手続として、アセスメントは注目を集めた経緯がある。

国のアセスメントは、1984年に国が関与する大規模事業を対象に実施することが閣議決定され、要綱によるアセスメントとして始まった（**閣議アセ**

▶1 **環境影響評価**
環境影響評価法では、環境アセスメントは「環境影響評価」と規定されており、「事業の実施が環境に及ぼす影響（＝「環境影響」）について環境の構成要素に係る項目ごとに調査、予測及び評価を行うとともに、これらを行う過程においてその事業に係る環境の保全のための措置を検討し、この措置が講じられた場合における環境影響を総合的に評価すること」と定義される（2条）。

ス）[2]。環境影響評価法の制定は、先進国では最も遅く1997年まで待つこととなった。その後、施行後10年の見直しを経て2011年に大幅な法改正が行われている[3]。

（3）**持続可能な発展の要請**　沿革に加えて、現在では、環境アセスメントは、持続可能な発展を実現する手法でもある。開発行為に伴う環境への負荷は不可逆的なものが多く、未然防止が重要となる。事業着手前にアセスメントを実施することにより、環境負荷の甚大な事業を制限したり、事業内容を環境配慮的なものに修正すること（事業のグリーン化）が可能となる。

設例の場合、新しい道路により、A市では利便性の向上と経済活性化が期待できるであろうが、同時に、排ガスや騒音などによる周辺住環境や干潟の生物への悪影響も懸念される。道路整備を定める諸法は、道路事業の基準や手続を規定するが、事業の環境影響を評価する手続は備えていない。そのため、環境アセスメントにより、道路のルートや構造設計、工法を環境負荷の少ない方式に変更・修正することを検討する必要がある。

環境影響がゼロであるような開発は、もはや想定できない。環境アセスメントは、開発の社会的有用性を踏まえたうえで、自然環境や生活環境への支障を可能な限り低減しうる方策や事業設計を社会全体で検討・検証する制度であり、地域環境に適合した事業案を導くための手法として期待される。現在では、大規模開発事業の標準手続となっており、中央新幹線事業や普天間飛行場代替施設建設（辺野古）事業など、全国的に注目を集めるものもある。

2　環境アセスメントの制度構造：どのような制度になっているか？

（1）**環境アセスメントの法体系**　環境基本法は、国に環境配慮を義務付けており（19条）、事業にかかわる環境影響について事業者が事前に調査・評価して、その結果に基づき適正に配慮するための措置を講ずることを国に求めている（20条）。これを法制度化したものが環境影響評価法である。

環境影響評価法は手続法であり、事業者等に対して環境配慮にかかわる手

> [2] **閣議アセス**
> 環境アセスメントの法制化作業は、1972年頃に始まったが、産業界や政府内部の反対により難航し、1981年に提出された法案も廃案となった。それに代わって採用されたのが閣議アセスであり、環境影響評価法の施行まで448件実施された。閣議アセスは、政府内部の申し合わせにとどまるうえに、対象事業や参加の機会が限定されているなど問題点が多く、立法化が求められていた。
>
> [3] 環境影響評価法は、施行から10年で全面的見直しにより、2011年4月に法改正が実施された。この改正により、計画段階配慮書手続の導入、環境大臣による意見提出の拡充、電子縦覧の義務化、事後調査制度の採用など、アセスメント制度の大幅な改善がなされた。

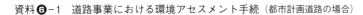

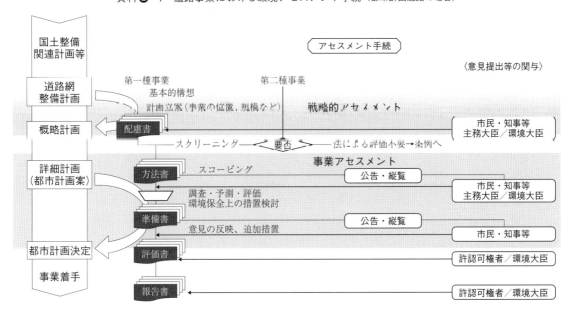

資料❻-1　道路事業における環境アセスメント手続（都市計画道路の場合）

続的義務を定める。事業に対する実体規制との関係では、環境アセスメントは、原則として、事業に係る個別法による許認可等審査の前に組み込まれる。

たとえば、設問の**都市計画道路**は、都市計画法に基づき、道路事業計画について都市計画決定が必要であり、道路の必要性や構造要件等について審査される。これに加えて、環境影響評価法に基づき、都市計画決定に先立ち環境アセスメント手続が実施されることになり、その結果が都市計画決定において他の要件とあわせて審査されることになる。道路事業では、一般に費用対効果、すなわち新設道路による総便益（走行時間短縮、走行経費減少、交通事故減少）と総費用（道路整備事業費、道路維持管理費）を比較考慮して実施するか否かが決定されるが、ここに、環境アセスメントの結果（評価書）が、審査要件のひとつとして位置づけられる構造となる（資料❻-1参照）。

現行の環境アセスメント制度は、大規模な事業を対象とする環境影響評価法に基づくもの（法アセス）と、法対象以外で一定規模以上の事業を対象とする地方自治体条例が定めるもの（条例アセス）との**二段階構成**となっている。ただし、現行法においてアセスメントの対象となるのは、開発事業すべてではない。事業規模に応じて環境負荷が大きくなる傾向に着目して、大規模事業に対して環境配慮を手厚くするために特別の手続としてアセスメントを求める制度が採用されている。

（2）**制度の基本構成**　法に基づくアセスメントは、規模が大きく環境影響の程度が著しいものとなるおそれのある事業を対象とし、道路、河川工事、鉄道、飛行場、発電所、廃棄物処分場、埋立・干拓などが規定されている（2条）。対象事業には、第一種事業と第二種事業があり、第一種は、大規模かつ環境影響が予測される事業であり、アセスメントが義務付けられる。第二種は、第一種に準ずる規模の事業であり、個別にアセスメントの要否を判断する手続（スクリーニング）を行い、その実施の有無を決定する（4条）。

環境アセスメントを実施する主体は、事業者であり（1条）、事業者が自ら調査・予測・評価を実施する点が現行制度の特徴である。事業者主体の制度を採用する理由は、事業に関する情報は事業者が保有しており、事業内容の変更は事業者が最も柔軟に判断できること、加えて、外部不経済の内部化、すなわち、事業実施コストには環境配慮も含まれることがあげられる。

アセスメント制度は、一般に、事業段階を対象とする環境アセスメント（事業アセスメント、EIA）と、それより早期の戦略的な意思決定段階における環境アセスメント（**戦略的アセスメント**、SEA）の二元構成をとる。環境影響評価法は、事業案が決まった段階で行う事業アセスメントを中心としつつも、環境影響の大きい第一種事業に対して計画段階で実施する環境配慮の手続（計画段階配慮書手続）を定めている（3条の2以下）。すでに立地や建造物の構造が決定した段階で事業を大幅に見直すことは難しく、事業内容の変更が制約される。そのため、環境アセスメントの有効性を高めるには、上位計画の策定段階からの実施が望ましい。

設例の道路新設事業は、第一種事業に該当するため、事業アセスメント前の計画段階に、計画段階配慮書手続を実施する必要がある。

（3）**手続の構成**　法に基づくアセスメント手続は、計画段階配慮手続と事業アセスメント手続から構成される（資料❻-1参照）。計画段階配慮手続では、事業の計画段階において、事業者は事業の位置、規模等を選定するに

◆4　環境アセスメントは現行制度では事業者が実施するが、対象事業が都市計画に定められる場合には、アセスメントによる情報を事業計画に相当する都市計画内容の検討に反映させるため、特例として都市計画決定権者が事業者に代わりアセスメント手続を行う。

◆5　アセスメント制度は、法アセスと条例アセスが一体的に構成されており、連続性のある制度体制と運用が肝要である。条例アセスは、専門家による審査会など国にない仕組みも備え、地域特性にも対応できる。事業の規模に関わらず、環境配慮は必要であり、条例アセスの役割は大きい。

◆6　**戦略的アセスメント**
政策、基本構想、基本計画など戦略的な意思決定段階で行う環境アセスメント。事業アセスメントより早期かつ上位の段階で代替案を含めて広く検討する。欧米諸国ではすでに導入が進んでいる。

あたり環境配慮事項を検討し、配慮書を作成する（3条の2・3条の3）。配慮書に対する主務大臣、知事等の意見を受けて、事業者は事業計画を策定する。

　法に基づき、あるいはスクリーニングにより対象事業が決定したら、事業アセスメントの方法書手続が開始される。事業者は、当該事業の環境影響評価を実施する項目や調査の手法等の原案を記載した方法書を作成し、公告・縦覧・電子縦覧に供する（5条・7条）。方法書に対する市民や知事等の意見を踏まえ、事業者は、評価項目と手法等を個別に選定する（スコーピング）。

　方法書が確定したら、その内容に基づき、事業の環境影響の調査・予測・評価および環境保全措置の検討等を事業者が実施する。その結果は、評価書作成の準備段階となる準備書にまとめて（14条）、公告・縦覧・電子縦覧に供して意見を求める。

　準備書に提出された意見を踏まえて修正を行い、意見に対する見解や対策を追加して、事業者は評価書を作成する。評価書が当該事業に対するアセスメントの最終的な評価結果となる。完成した評価書は公告・縦覧されるとともに許認可等権者へ送付され、事業の許認可等決定において審査資料となる。

　許認可等を受けて事業が実施された場合、事業者による事後調査等が行われ、環境保全措置の実施状況について報告書の作成・公表等が義務付けられる（38条の2）。以上の行程により、アセスメント手続は構成されている。

3　環境アセスメントの機能メカニズム：どのように環境配慮をするのか?

　前述のように、環境アセスメントは手続であり、法は事業案に対する実体的な環境適合義務を備えていない。なぜアセスメント手続を経ることで事業案に対する環境配慮ができるのか。その機能メカニズムをみてみたい。

　(1)　**手続保障**　1つめは、環境アセスメント手続の制度保障である。アセスメントは、適正な評価手続を経ることにより、事業の環境影響に対する科学的評価を実施し、それを通じて環境配慮の観点から事業案を再検討する機会を担保する。そのため、新石垣空港の事例のように、正規のアセスメン

➡7　環境アセスメントの縦覧手続は、従前は事業実施地域においてアセス図書が備えられている場所に出向く必要があった。2011年改正以降、インターネット利用による縦覧が義務化され（法7条・16条・27条）、居住地や時間帯に制約されることなく縦覧が可能となった。

➡8　**スコーピング**
検討範囲の絞込み、すなわち、アセスメントにおける調査・予測・評価の方法を決めること。アセスメントの評価項目は、対象事業の内容や地域環境の特性によって異なるため、一律に規定することはできない。そのため、効率的でメリハリのあるアセスメントを実施するために、個別に方法書手続において選定される。

【環境影響評価項目】

環境の自然的構成要素の良好な状態の保持	大気環境	大気質／騒音／低周波音／振動／悪臭／その他
	水環境	水質／底質／地下水／その他
	土壌環境・その他の環境	地形・地質／地盤／土壌／その他
生物の多様性の確保及び自然環境の体系的保全		植物／動物／生態系
人と自然との豊かな触れ合い		景観／触れ合い活動の場
環境への負荷		廃棄物／温室効果ガス等
一般環境中の放射性物質		放射線の量

出所：「基本的事項」別表

➡9　**新石垣空港**
沖縄県石垣市にある空港（南ぬ島石垣空港）。旧空港の代替として1976年に計画されたが、サンゴ礁など自然生態系の保護から反対運動が展開された。空港設置許可に

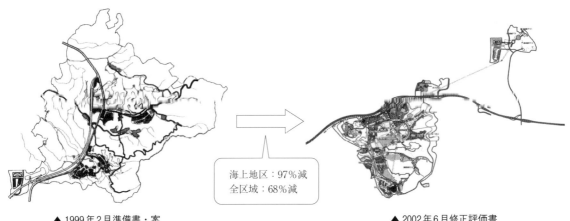

資料❻-2　会場計画の当初案と最終案の比較（愛知万博の事例）

海上地区：97%減
全区域：68%減

▲ 1999年2月準備書・案
　面積：約540ha（海上地区）
　入場予定者数：2500万人

▲ 2002年6月修正評価書
　面積：約15ha（海上地区）
　　　　約158ha（青少年公園地区）
　入場予定者数：1500万人

出所：(財)2005年日本国際博覧会協会「愛・地球博　環境アセスメントの歩みと成果」（2006年11月）

対する取消訴訟も提起され、アセスメント手続も争点となった。計画策定から30年後に着工し、2013年3月に開港した。

ト手続前に実質的な調査を行うなど適正な手続に基づかない場合には、アセスメント自体の違法性が問題となる（那覇地裁判決平21年2月24日）。

アセスメントの手続保障には、いくつかの機能的要素が含まれている。①事業案の環境影響に関する情報の集約と評価およびその文書化。②作成された文書（アセス図書）の公表。③市民、都道府県知事や環境大臣など、事業者以外の意見表明の保障。④これらの意見に対する事業者の応答義務。以上が一連の手続として保障されており、これにより環境情報を通じたコミュニケーションが予定されている。設例の場合、道路が新設されるA市の市民も、アセスメント手続に参加することにより、事業者によるアセスメントが公正かつ適切に実施されているか、厳しく確認することができる。このような社会的チェックが手続保障により可能となり、アセスメントにおいて指摘された環境配慮要請が事業案に反映されることが期待できる。

他方で、従来事例では、事業案の実施を前提とする容認的な評価が多く、事業案にあわせたアセスメントで終わる点が「アワセメント」として批判されてきた。制度が期待する手続機能は十分に発揮されきたとはいいがたい状況がある。アセスメントの本質を踏まえれば、多様な関係者による検討を通じて、事業案を環境配慮要請に「あわせる」ことが制度の本旨である。

事業案を環境配慮に適合させた成功例として、**愛知万博**の事例では、里山を切り開く事業予定地でオオタカの営巣が確認されるなど保全が求められ、市民参加型の検討が進められた。最終的に、メイン会場が変更され、事業面積も約3分の1へと大幅に縮小された。アセスメントに4年を要したが、アセスメントが事業計画を大きく変えうることを示す例である（資料❻-2参照）。

(2) **横断条項**　環境影響評価法には、実体的な環境配慮義務は規定されていないが、環境アセスメントの結果が、事業に係る個別法の許認可等決定において審査される構造となる。これが2つめの機能メカニズムである。

具体的には、環境影響評価法は、事業に係る個別法が定める許認可等基準に①環境配慮要件が規定されている場合には、確認的に環境配慮審査を求め（33条3項）、②環境配慮要件が存在しない場合であっても、創設的に環境配慮審査を義務付ける（33条2項）。これにより、当該事業の許認可等権者は、許認可等を判断する際、評価書の内容および意見に基づき、対象事業が環境保全について「適正な配慮」がなされるか否かを審査する（33条1項）。この審査結果と許認可等の基準に関する審査の結果をあわせて判断し、許認可等権者は、許認可等を拒否する処分や必要な条件をつけることができる。

この規定は、事業に係る個別法の定める許認可等に横断的に適用されることから「横断条項」と呼ばれる。横断条項により、事業の許認可等判断において、環境アセスメントの評価結果が考量されることになり、環境影響面も踏まえた事業決定が制度上確保されることとなる（事業決定のグリーン化）。

その一方で、「適正な配慮」の内容はきわめてあいまいであり、横断条項を受けた事業審査においても許認可等権者の裁量の余地は広く、環境配慮が優先された先例は少ない。手厚い手続により環境影響を評価した結果に対して、許認可等において慎重な考量を要請する仕組みが必要であり、改善が望まれる。

(3) **代替案の比較検討**　3つめは、代替案との比較である。アセスメントを通じて環境配慮の観点から、事業の規模や内容に選択肢を検討すること

10　愛知万博
2005年3月から9月まで愛知県で開催された日本国際博覧会。愛称「愛・地球博」。当初のメイン会場予定地であった「海上（かいしょ）の森」（瀬戸市）を保護するため、会場が大幅に変更されて社会的に注目を集めた。博覧会終了後、会場は、県営の記念公園として整備され、2022年11月にはジブリパークも開設されている。

ができる。その比較検討を経て、より地域環境に適合する方式を採用することで、環境配慮型の事業案に導くことが可能となる。

　代替案の検討について、環境影響評価法は、配慮書段階では、事業の位置、規模等を選定するにあたり環境配慮すべき事項について検討することを（3条の2以下）、また、準備書と評価書に「環境の保全のための措置（当該措置を講ずることとするに至った検討の状況を含む）」を記載すべきことを求めている（14条1項7号ロ・21条2項1号）。これらの過程において、必要に応じて複数案の比較、ミティゲーション[11]の検討が行われる。

　設例では、干潟への影響を考慮した代替案として、内陸ルート案や2車線案、さらに事業中止案なども考えられる。しかし、このような大幅な変更は、事業段階のアセスメントでは通常困難である。アセスメントにより事業が中止された数少ない例として、藤前干潟の埋立事業[12]がある。この事例は、アセスメント実施過程で問題点が明らかとなり、最終的に計画が撤回されたが、それにより、名古屋市の廃棄物対策が強化され、減量化やリサイクルが進む結果となった。これは、廃棄物政策の段階で戦略的検討ができれば、事業を行わない案（ゼロオプション）も選択肢となりえたともいえる。代替案の検討には、より上位の政策段階からの比較検討の重要性を示す例である。

　事業を実施する場合であっても、先にあげた愛知万博の事例にみるように、より環境負荷の少ない事業方式が望ましく、このためには、当初から複数案を比較検討することが不可欠である。それにもかかわらず、従来十分に行われてこなかった。その原因のひとつは、開発事業の古典的発想に由来する。大規模開発は、環境以外の利害が深くかかわることから、水面下の交渉や折衝が先行し、事業案が固まるまで公表を避ける傾向があった。しかし、社会的インフラは、開発事業者のものではない。立案当初から社会全体でオープンに検討すべきものであり、その過程が環境配慮にはとりわけ重要である。

　事業計画の「夢」を具体化するために、複数案を比較検討してベストな案を選択しうる制度の高度化と社会環境の整備が今後の課題である。

[11] ミティゲーション
開発行為が環境に与える影響を軽減するために行われる保全措置の総称。埋立事業により失われる干潟の代わりに近くに人工干潟を創出する、事業に伴い減少する希少種の生息域を確保するために、事業区域内に環境保全ゾーンを設置して保護を図るなどが例としてあげられる。

[12] 藤前干潟は、愛知県西部の伊勢湾河口部に広がり、渡り鳥の飛来地となっている。1980年代に廃棄物処分場建設のため約47haの埋立てが計画された。1994年に名古屋市のアセスメントが始まり、「環境への影響は少ない」との結果が出たが、全国的な反対運動が高まり、1999年に計画は撤回された。2002年にラムサール条約に登録されている。

コラム⑥-1　現行法制度の課題：将来のアセスメントに必要なことは何か？

　現行の環境アセスメント制度は一定の評価を得ているが、残された課題も少なくない。

　まず、本格的な戦略アセスメント（SEA）の導入がある。計画段階配慮書手続は、日本版SEAといわれており、事業アセスメントを拡張したものにとどまり、ゼロオプションを含む複数案の比較検討は義務付けられていない。本来のSEAは、社会の将来設計を見据えた戦略的観点から個別事業の必要性を検討して、累積的環境影響の考慮を実現するものである。

　SEAは、国土空間という限られた資源の有効利用にも不可欠である。2050年までに温室効果ガス排出を実質ゼロにするカーボンニュートラル目標を日本も掲げて、その実現には、再生可能エネルギーの導入拡大が必須である。再生可能エネルギーは、環境に優しいエネルギーであるが、その発電施設の設置は、環境負荷を伴う。再生可能エネルギー施設の適地は、生物多様性に重要な森林等と競合し、各地でトラブルになっている。事業の立地検討段階で自然環境や生活環境の利害をくみ取り、適切な立地選定ができれば、国土空間での共存が可能となる。SEAは、諸外国では制度標準であり、国際目標であるネイチャーポジティブとの両立に向けて、日本でも法的対応が急務である。

　事業アセスメントについては、アセスメント結果の許認可決定への反映を担保する仕組みが必要である。たとえば、審査基準の明確化や、許認可等を行った際にアセスメント結果をどのように考慮したかを公表する手続の採用などが考えられる。

　制度運用の改善も重要である。手続保障に着目した制度は、その実質を備えるか否かが手続関与者にゆだねられる構造となる。現状では、特に市民参加は十分ではない。アセスメントが効果的に機能した事例では市民活動が転機となった経験に学べば、事業計画やアセス図書の技術的専門性が高いことを考慮して、一般市民が参加しやすい制度的・運用的工夫が必要である。同時に、市民各自が手続に参加することが運用改善の第一歩である。

7 環境紛争を解決するいくつかの方法
▶ 司法・行政的手法と被害者救済

> **設例** Aは、家の近くに廃棄物処理業者Bの廃棄物処理施設（一般廃棄物の焼却施設）ができてしばらく後、頭痛やめまいなどの体調不良が続くようになった。この施設は毎時1tの廃棄物の焼却能力があるとのことである。うわさでは、近所にも同様の症状を訴える人が少なくないという。Aは、それまでずっと健康だったので、急に体調が悪くなったのはごみ焼却施設から有害な化学物質が排出されているからではないかと疑っている。

1 損害賠償

　Aは、体調不良のため病院に通うようになり、仕事の能率も下がって以前より収入が減ったとしよう。生じた損害（医療費や体調不良による収入減）をどうやって取り返すことができるだろうか。Aの体調不良の原因が、もしごみ焼却施設による公害であるとすれば、これらは公害という環境問題によりAと事業者Bとの間で生じた、損害賠償請求という環境紛争である。Aが賠償をしてもらうためのひとつの、そして最もオーソドックスな方法は、民法709条に基づいて、Bに損害賠償の訴えを提起することである。しかし、これはそう簡単ではない。

　(1) **因果関係：ごみ焼却施設が体調不良の原因といえるか？**　まず、Aの体調不良の原因がBのごみ焼却施設のせいだといえなければならない。因果関係の証明という問題である。ごみ焼却施設ができてから近所の少なからぬ人が同じような体調不良になったということだから、ごみ焼却施設が怪しいとはいえるが、これだけでは証明にはならない。①ごみ焼却施設からどのような化学物質が排出されているのか、②その化学物質は人の健康にどのような影響を及ぼすのか（Aの体調不良のような症状を引き起こすのか）、③Aはその化学物質を摂取した（曝露された）のか、といったことが証明されない限り、因果関係の存在は認定されない。これらのことは、専門的知識や測定機材等がなければわからない。場合によっては、世界中の誰もが証明できないということさえありうる。化学物質のなかには、人体に影響を及ぼすかどうか科学的に判明していないものが多いからである。

　裁判例のなかには、特異性疾患（後述）が問題となったケースであるが、原告（設例の場合はA）が前記①～③全部を証明せずとも、②③について、原告の側で関連諸科学との関連において矛盾なく説明できれば証明があったものとみてよく、あとは①（当該化学物質を排出していないこと）について被告（B）の側で証明しなければならない、という趣旨のことを述べるものがある（**間接反証**）。しかし、①～③の全部をAが証明しなければならないとされる場合よりもAにとっては有利だが、②③をそれなりに矛盾なく説明す

▶**1 間接反証**
ある事実（本文では因果関係）の存在を示唆するいくつかの事実（本文では②③）を（被害者原告が）証明することにより事実の存在が推定される場合に、その事実の不存在を（加害者被告が）証明しない限りその事実の存在を肯定しようとする考え方。

ること自体がそう簡単なことでない。

　疫学的因果関係の考え方を採用した裁判例もある。これは、ある集団と別の集団を比較して、一方の集団に有意に高い疾病罹患率が観察され、その原因となる因子を探る考え方を訴訟に応用しようとするものである。集団Mと集団Nを比較して、Mにはある疾病Dに罹患する者が存するが、Nには存しないという場合、もし、Mは化学物質αに曝露されているがNにはそのような状況がなく、他の条件が同じだとしたら、化学物質αが疾病Dの原因だとみてよいであろう（厳密には、さらにいくつかの条件が満たされている必要があるが、難しくなるので省略する）。したがって、Mに属する個人が疾病Dに罹患したら、その原因物質は化学物質αであると証明できたことになるようにも思われる。しかし、疫学的因果関係の考え方が有用なのは**特異性疾患**の場合に基本的には限られる。**非特異性疾患**の場合には、疫学的因果関係が証明されても、裁判的にはあまり意味がない。Bのごみ焼却施設からある化学物質βが排出されていることが証明され、βが頭痛やめまいの原因となることも疫学的に証明されていると仮定しよう。Aが頭痛やめまいといった体調不良になった原因はβのせいだろうか。必ずしもそうではない。頭痛やめまいは、いろいろな原因があるので、βの曝露以外の事柄が原因である可能性が排除できないからである。このように、疫学的因果関係の考え方は、訴訟上の証明において役に立つ場合もあるが、あまり役立たない場合もある（むしろそのほうが多い）。そもそも、疫学的因果関係の考え方が有用たりうるのは前記②の証明についてだけであって、①③の証明とは無関係である。③に関していえば、Bのごみ焼却施設からβが排出されたとしても、Aがそれに曝露されたかどうかは別途証明しなければならない。風向き等の自然条件から、ごみ焼却施設からAの居住する場所にβが到達したことを証明しなければならないのであるが、この証明も容易ではない。

（2）**違法性**　首尾よくAが因果関係を証明できたとしても、損害賠償請求が認められるためには、Bのごみ焼却場稼働行為が違法だといえなけれ

→2　**特異性疾患**
ある疾病の原因が1つの因子にのみある場合、その疾病を特異性疾患という。特異性疾患の場合、原因は1つだけなので、たとえば、ある特異性疾患の因子が化学物質γだとしたら、ある人がその疾病に罹患した場合、その原因は化学物質γであるということになる。

→3　**非特異性疾患**
ある疾病の原因が複数の因子にある場合、その疾病を非特異性疾患という。原因は複数ありうるので、疫学的に因果関係が証明されても訴訟上必要な証明がされたとはいえない。本文中の例でいえば、Aがβに曝露されたことを証明できたとしても、β以外にも頭痛やめまいの原因はありうるので、Aの体調不良の原因がβのせいだとは言い切れない。がんも非特異性疾患であり、放射線被曝した人ががんになったからといって、それが原因であるとは限らないので、放射線被曝とがんの罹患との間にただちに因果関係があるとはいえない。

コラム❼-1　因果関係の科学的証明が不可能な場合：予防原則、平穏生活権

　科学的に、ある物質の有害性が判明していないとか、ある物質に曝露されているかどうか判明していないといったように、因果関係が不明確な場合がある。しかし、もしかすると、当該物質が有害で、それに曝露されているかもしれず、損害が発生するかもしれないということもある。

　このような場合に、損害発生を防止するための何らかの対策をとるべきであるという考え方を、予防原則というが、予防原則を民事の差止訴訟に応用すれば、因果関係が科学的に証明されていなくとも、それなりの証拠があれば、加害行為の差止判決がなされるべきである、ということになる。すなわち、損害発生の蓋然性がそれなりにあれば、他の様々な事項を総合考慮して、（不確実ではあっても）損害発生のリスクに曝されることが受忍限度を超えている、ということになりうる。

　このような考え方を人の心理に係る権利として構成しようとするものとして、平穏生活権という考え方がある。平穏生活権は、平穏な生活を脅かされない権利で、暴力団の事務所などが近隣にある場合などに主張される（暴力団が近くにいたら平穏に生活できない）。

　これを公害事件に応用すると、発がん性が危惧される化学物質に曝される等、損害発生のおそれが科学的に証明されていなくとも、損害が発生するかもしれないと予期することにそれなりの合理性がある場合に、平穏に生活する権利を妨害するものとして、差止請求等が認められる可能性が生じることになる。しかし、あくまで損害発生の危惧が合理性を有する場合に限られ、たんに主観的におそれを抱いているだけでは足りない。科学的に証明されてはいなくとも、有害性等を裏づけるそれなりの証拠は必要である。

ばならない。ある行為が違法であるとはどういうことか、これは実は難しい問題である。明文の法規範に反していれば違法であると一応いえそうであるが（本当はそう簡単ではないが）、化学物質βの排出を禁ずる法律がないとしたらどうか。排出を禁ずる法律がないからといって人の健康を害する有害な物質を排出することが適法なのかというと、そういうわけでもない。法律の明文の基準がない場合、どのように違法かどうかを判定すればよいのだろうか。公害紛争のような事例に関しては、現在の判例では、受忍限度論という考え方が採用されている。これは、被害の程度の他、加害行為の公益性や地域性、損害防止措置の有無や程度、先住関係等を総合的に考慮して、受忍すべきか否かを決定するという考え方である。たとえば、地域性についていうと、Aの居住地域が工場街なのか住宅街なのかで受忍すべき限度は変わってくる。しかし、人の健康にかかわる被害については、いかなる事情があっても基本的には受忍限度を超えていると評価されるはずなので、本設例に関しては受忍限度論が賠償請求の障害となることはないだろう。

　(3)　**過　失**　　因果関係も違法性も認められたとして、さらに、Bに過失があるかどうかという問題がある。βがBのごみ焼却施設から排出されるとBが予想でき、その排出を防止できたかどうか、それが肯定されるとしても、βが人体に有害であることをBが予想できたかどうか、Aの体調不良という被害をBは防止することができたか、といったこと——予見可能性と結果回避可能性——がここでは問題となる。βが人体に有害であることが判明しているとすれば、そのようなものが排出されないように注意すべき義務があり、必要なら操業停止も辞すべきではないと考えられるから、過失ありとされよう。しかし、βが人体に有害であることが排出時には判明していなかった（有害性を懸念する指摘が科学者等からされていなかった）とすれば、それによりAに健康被害が発生することも予見できなかったとされ、過失なしと判断されるかもしれない。有害性を懸念する指摘がされていたが科学的に証明されていなかった、という場合もその判断は難しい。

　(4)　**特別法による措置**　　以上のように、民法709条に基づく損害賠償請求が認められるためには、過失や因果関係といった困難な関門がある。そこで、無過失責任を定める法律（大気汚染防止法25条等）や——厳密には、損害賠償自体ではないが——因果関係の厳格な証明を不問に付す法律（公害健康被害補償法）もある。

2　差止め

　損害賠償請求が認められたとしても、Bによるごみ焼却施設が今後もずっとこれまでどおり続くとすれば、健康被害も続く。それを防止するための方法として民事の差止訴訟がある。これは、加害行為を止めよという訴訟である。差止めの場合には、過失は問題とならないが、違法性や因果関係は問題となる。因果関係の証明が難しい場合が多いことは、損害賠償の場合と同様である。

　問題なのは加害行為の違法性で、これは、損害賠償の場合よりも重大である。というのは、加害行為の違法性も損害賠償の場合と同様に受忍限度を超えているかどうかで判断されるのであるが、損害賠償（金銭の支払い）よりは加害行為を止めることのほうが通常は加害者にとっては重大なので、この

ことも考慮に入れたうえで受忍限度を超えていると判断されるのは難しいと一般的には考えられているからである。ただ、健康被害が証明できるのであれば、Bの営業利益よりも人の生命・健康の方が重要なので、請求が認容されるはずである。

3　公害紛争処理法

上述のように、民事訴訟による救済は、Aにとって、損害賠償も差止めもだいぶ難題である。このような難題を引き受けてくれる専門家による解決の方法が制度化されているとAとしてはありがたい。そのような方法を定める法律として、公害紛争処理法がある。この法律が定める仕組みは多様であるが、基本的に、民事訴訟による救済の困難性に対処しようとするものである。たとえば、因果関係の証明の問題に関しては、**原因裁定**[4]という制度がある。これは、因果関係の存否について行政機関（公害等調整委員会）に調査・判定をしてもらう仕組みである。Aが自分で調査して証明しなくとも行政機関がしてくれるので、かなり助かるだろう。

公害紛争処理法は、この他にも、**調停**[5]、**あっせん**[6]や、損害賠償責任についての裁定（**責任裁定**[7]）等の救済の仕組みも用意しているので、便利である。

4　行政訴訟

さて、Bのごみ焼却施設は廃棄物の処理及び清掃に関する法律（以下、「廃掃法」という）に基づく許可を受けなければならないことになっている（同法8条1項、同法施行令5条1項）ので、この許可の取消しを求める訴えを起こしてそれが認められれば、ごみ焼却施設の設置自体を阻止できる。許可という行政処分を争う**行政訴訟**[8]（取消訴訟は行政訴訟の一種）である。この場合、廃掃法が定める許可の要件に反していれば許可は違法であり、先述のような因果関係だの受忍限度だのを考える必要はない。そのような意味では、（許可の要件次第ではあるが）Aにとって便利な訴訟の方法だといえる。しかし、

➡4　**原因裁定**
公害被害に関し、加害行為とされる行為と被害発生との間の因果関係の存否について判断する裁定。

➡5　**調　停**
紛争当事者の間を仲介し、当事者双方の互譲に基づく合意によって紛争の処理を図る手続。調停機関が積極的に介入することから、あっせんだと紛争解決が難しいが調停だと解決しうるケースが存しうる。

➡6　**あっせん**
紛争当事者間の話し合いが円滑に進むように援助することをいう。調停に比して当事者の自主性が強い。なお、公害紛争処理法に基づくあっせん、調停は、当事者の申し立てによって開始されるが、公害等調整委員会が職権で始めることもありうる。

➡7　**責任裁定**
公害被害にかかわる損害賠償の責任が存するかどうか、賠償額はいくらかについて判断をする裁定。裁定に不服の場合でも、一定期間内に訴訟を提起しないと裁定結果に拘束される。

➡8　**行政訴訟**
行政上の訴訟を通常の民事訴訟と区別して行政訴訟と呼ぶことがある。行政の公的なある行為を止めさせたり、逆にある行為をすることを求めたり、また、行為の法的効力について争ったり、さらに、行政上の法律関係について争う等、様々なタイプがある。

コラム7-2　まだ許可が出ていないときは？：処分の差止訴訟

本文では廃棄物処理施設設置・稼働を事前に止める行政訴訟として、主に取消訴訟について述べた。取消訴訟は、設置許可が出てからその取消しを求める訴訟であるが、許可がされなければその方がAにとってはよい。そのための方法として、処分の差止訴訟がある。処理施設設置の許可をするな、という訴訟である。処分がされる前に取消しを求めるようなものであるともいえよう。民事の差止訴訟と名前が同じであるが、異なる制度なので注意をされたい。民事の差止訴訟は、加害行為者（B）に対して加害行為をするなと請求する訴訟であり、処分の差止訴訟は、行政に対して（加害行為を許容するような）処分（本文では設置許可）をするなという訴えなのである。

しかし、処分の差止訴訟は、その処分がされることにより重大な損害が発生する場合に限って提起でき、また、他に損害を防止できる方法があるときには提起できないこととされている（行政事件訴訟法37条の4第1項）。Aが自己の健康被害を防止するためには、設置許可が下りてからその取消しを求める方法がある。設置許可が下りてもすぐに廃棄物処理施設の稼働が始まるわけではないので、許可の差止めを求めずとも、許可の取消しを求める訴えで十分損害発生を防止できる、と考えれば、処分の差止訴訟はできないことになる。因果関係が科学的に証明されていなければ、重大な損害が発生するおそれがあるといえるかどうかも問題になるかもしれない。

また、現実的な問題としては、許可という処分がされそうだということ、つまり、許可の申請がされたということを察知する必要がある。アンテナを張り巡らしていなければならないわけで、通常の人には難しいかもしれない。

行政訴訟にはまた別の関門がある。

(1) **訴訟要件** 関門のひとつは、訴訟を提起するために満たされなければならない訴訟要件である。これにもいくつかある。まず、取消しを求めることができるのは行政庁の処分その他公権力の行使に限定されている。これは処分性の問題といわれ、行政の行為に処分性がなければ取消訴訟を起こせない、ということである。典型的には営業停止命令だとか、改善命令、営業許可（不許可）といったものが処分性のある行政庁の行為である。行政指導や行政契約のようなものは処分ではないので、これらに対する取消訴訟は起こせない。しかし、廃棄物処理施設の設置許可が処分に該当することは間違いないので、Aにとってこれは特に問題ない。

やっかいなのは原告適格である。行政事件訴訟法9条1項は、「取消しを求めるにつき法律上の利益を有する者」のみが取消訴訟を起こせると定めている。法律上の利益を有する者は原告になれるが、これを有さない者は原告となる適格がないとされるのである。判例によれば、処分の要件を定める法令の条文により保護されている利益は法律上の利益に該当する。設例でいうと、許可の基準を定める廃掃法8条の2が保護しようとする利益である。同条1項は、廃棄物処理施設が一定の技術基準に適合していること、生活環境の保全等について適正な配慮がなされていること、廃棄物処理施設の維持管理を的確かつ継続的に行うに足りる能力を申請者が有していること、といった許可の要件を定めているが、これらの要件を通じて同条項が誰のどのような利益を保護しようとしているのか、Aのような近隣住民の健康を保護する趣旨であるのかどうかということが問題になるわけである。どう考えればよいだろうか。

まず、なぜ技術的な基準を満たしていなければならないかというと、廃棄物の適正な処理を確保するためであろう。では、何のために適正処理を確保しようとするのかといえば、生活環境の保全と公衆衛生の向上のためである（廃掃法1条参照）。つまり、技術的基準への適合を要求する法律の趣旨は、廃棄物処理施設の水準が低いことにより周辺住民に環境上の悪影響が生ずることを防ぐことにあると考えられるのである。次に、廃棄物処理施設の維持管理を的確かつ継続的に行うに足りる能力を申請者が有していることを法が要求する趣旨は何であろうか。申請者の能力が不足しているとしたら、結局廃棄物処理施設の適切な維持管理ができず、周辺住民への環境上の悪影響が生ずることになるかもしれないので、そういうことになることを防ぐ趣旨であろう。生活環境の保全等について適正な配慮がなされていることという許可基準の趣旨も同様であろう。そうすると、Aは行政事件訴訟法9条1項にいう「法律上の利益」を有する者として、原告適格がある、ということになりそうである。最高裁も、一般廃棄物ではなく産業廃棄物処理施設についてであるが、周辺住民の原告適格を肯定している。したがって、Aに関していえば、この問題もクリアできそうである（ただし、不適切な処理がされることにより被害を受けることになる範囲にAの居住地が含まれていることが必要である）。

その他、やっかいな問題として、出訴期間がある。取消訴訟は処分があったことを知った日から6か月以内、処分があった日から1年以内に提起しなければならない（行政事件訴訟法14条）。許可がされてから1年経ってしまえば、Aは取消訴訟を起こすことができないので、Bに許可がされたかどうか

あらかじめ注意して観察していなければならない。Bに許可がされたことがAに通知されるわけではないから、これはやっかいな問題である。許可の申請があった場合、申請書等を公衆の縦覧に供することとされている（廃掃法8条4項）ので、こういう情報を注意深く見守る必要がある。Aは体調を崩している。操業開始からすぐに体調を崩すにいたるわけではないだろうから、廃棄物処理施設設置許可から相当の期間がすでに経過していて、取消訴訟を起こすには手遅れになっているかもしれない。

なお、出訴期間が過ぎた場合にも、Aとしては行政訴訟を提起する方法がないわけではない。たとえば、許可の**無効確認訴訟**とか、許可の取消し（という処分）の**義務付け訴訟**を提起するという方法がある。しかし、これらは取消訴訟の場合よりも厳しい訴訟要件が行政事件訴訟法で定められており、この関門を突破するのはなかなか困難である。

（2）　本案要件　もうひとつの関門が本案における勝訴要件で、許可が法令の要件を満たしていないにもかかわらずなされたかどうかという、これも難しい問題である。廃掃法8条の2第1項が定める要件のうち、技術上の基準を満たしているどうか、という点は比較的簡単に判断できるかもしれない。βが排出されないようになっていることという技術基準が定められているとすれば、βが排出されるにもかかわらずなされた許可は違法であるといえる。しかし、そのような基準は実は定められていない（廃掃法施行規則4条7号を参照）。生活環境への適正な配慮がなされているか否かとか、申請者（B）に維持管理能力があるかどうかといった要件は、一義的な判断が難しい。こういった判断は許可不許可を決定する行政庁の裁量にゆだねられ、よほどおかしな判断でない限り、裁判所は許可は誤りで違法だという判決をしてくれない（行政事件訴訟法30条）。なお、無効確認訴訟や義務付け訴訟の場合には、Aが勝つのはもっと難しい。

以上のように、行政訴訟で許可の効力を消滅させ、Bの施設の設置・稼働を止めさせるのも、なかなか困難なのである。

➡9　**無効確認訴訟**
行政の行為の法的効力について争う行政訴訟の一タイプ。具体的には、行政処分（本文では許可）の効力が無効であることの確認を求める訴訟。取消訴訟は出訴期間を過ぎたら提起できないのに対し、無効確認訴訟には出訴期間の制限はないが、通常、重大で明白な違法性がない限り無効とはされないので、原告が勝訴するのは難しい。

➡10　**義務付け訴訟**
一定の処分（本文では許可の取消しという処分）をすることの義務付けを求める行政訴訟。当該処分がされないことにより原告に重大な損害が発生すること等の要件を満たす必要がある。

コラム❼-3　生態系損害：住民訴訟・団体訴訟

設例では、Aという人間の健康が問題となる場面を取り上げた。このような場合には、因果関係の証明等の問題があるにせよ、訴訟を起こして裁判所の判断をあおぐこと自体は、問題なくできる。

では、ある地域の森林が伐採されようとしていて、その森林にはそこにしか生息してない動物がいるため、伐採されるとその動物が絶滅してしまう、といった場合はどうだろうか。心ある人なら誰でも、伐採をやめさせ、その動物を絶滅から救いたいと思うだろう。

しかし、その動物が絶滅することによって誰かが不利益を受けるだろうか。当然ながら、誰かの健康が害されるわけでも生活に不便を来すことになるわけでもない。裁判というのは、自分の権利や利益を守るために起こすのが原則なので、このような場合、伐採を止めさせるための訴えを起こすことは、通常、できない。動物種が絶滅したら悲しいというだけでは裁判を起こすことはできないのである。

例外的に訴えが認められる現行法上の制度として、地方自治法242条の2が定める住民訴訟がある。これは、地方公共団体のお金の使い方等財産管理の適否について当該地方公共団体の住民であれば誰でも訴訟で争える制度である。森林の伐採が地方公共団体の行為であれば、住民訴訟を使って止めさせることができるかもしれない。

しかし、住民訴訟は、財産管理のあり方（100万円で済むのに300万円もかけるのはおかしい等）を問うものであって、地方公共団体の施策自体（森林伐採）の適否を問うものではないので、この制度の利用にも限界がある。民間の行為や国の行為であれば最初から使えない。そこで、環境保護団体などが環境保護のための訴訟を提起できるようにしようという団体訴訟の導入などの提案がなされている。団体訴訟はすでに諸外国では導入されている。

将来の環境法と憲法
18歳からはじめる 票

● 憲法でも環境保護？
　21世紀を生きる読者は、憲法と環境問題について何を思い浮かべるだろうか。車・飛行機や電気を使う、事業を始めるなど経済活動は、本書Ⅱの温暖化・原発・自然破壊など環境問題につながることがある。20世紀の中頃生まれた日本国憲法をみると、そうした経済的自由にかかわる条文は22条・29条にあるが、環境保護を定めた条文がすぐに見当たらない。だが、一方で1970年代から、13条（生命・自由・幸福追求権）や25条（生存権）を解釈して環境権を導く考えを説いてきた弁護士や学者もいる（もっとも、あまり裁判所で採用されてこなかった）。他方で90年代から、憲法改正によって環境権を導入する考えも説かれている（特に権利保障に前向きでなかった政治家によって）。この憲法改正には、96条により衆参各院2/3の賛成と国民投票1/2超の賛成を必要とする。その後、国民投票権と選挙権の年齢は18歳以上とされた。

● 外国では？
　もし憲法改正するとしたら、①国が環境保護する責務（弱い努力目標）のほかに、②個人の環境権、③国が環境保護する義務（国家目標規定）、または、④環境法の原則など（本書❸）を盛り込む考えもある。②の個人の権利では公の利益としての環境利益を直接にカバーできないため、③が説かれる。各国の憲法改正の例をみると、韓国憲法や一部のアメリカ州憲法に②、ドイツ基本法に③、フランス環境憲章に①～④がある。

　これらの効果はどうか。確かに、環境政策を進める目安となろう。だが、韓国で環境権は裁判で効力の弱い権利とされ、具体的な法律を必要とする。独仏でも環境保護が急に進んだわけでなく、個々の法律やEUの指令がカギとなる。憲法に環境の定めがなくても環境政策は進められる。これらの国の政策は一進一退で、原発方針や気候変動対策も時にまちまちである。

● 憲法改正しなくても？
　逆に、やはり日本国憲法の改正でなく解釈で環境保護をしようとする考えもある。すでに環境保護は、経済的自由を制限する「公共の福祉」でもありうる（22条・29条）。「将来」の生命・身体の権利という考え（11条・13条）や、国家による「生活」「公衆衛生」と「将来」の配慮から環境保護の目標を導く考え（25条2項・97条）もある。こうした解釈を通じて、ハードルの高い憲法改正をしなくても、環境基本法をはじめとする法律レベルで必要十分に環境問題へ対応できる考えにつながる。

● 18歳も考える立憲主義と環境保護：憲法とは
　問題を考えるポイントとして、憲法の基本にもどろう。法律と違って、そもそも憲法は、国家権力をコントロールする法である（国民ではなく国家が違反してはならない法である）。このように、個人の尊厳のために、権利保障と権力分立によって国のような公の権力を制限する考えを立憲主義という。これを踏まえ、憲法で縛られるはずの権力を担う（議員や大臣・知事・市長など）広く公務員による改正案に注意しながら考える冷静さが求められる。たとえば、いくら論点を別々に考えても、提案者が環境保護以外の改正をあわせて狙う意図を隠す（だきあわせ・お試しの）改正案に要注意である。個人の権利に対して「公益及び公の秩序」を強化する13条等改正案は、経済的な国家益・全体秩序も強化してしまう。軍隊や派兵を認める9条改正案も、環境問題と無関係ではない（基地・軍備強化による騒音・自然破壊などの他、CO_2増加を招く燃料消費量は普通車と比べ戦車50倍・戦闘機2000倍・大型艦艇5000倍以上になる）。

　改正するにしてもしないにしても、ゆきすぎの環境保護には憲法上の限界がある。環境保護の目的で様々な手段を使っていくといっても、憲法上の経済的自由権の過度な制限は禁止される。もしクールビズや自然愛護が強制され、環境負荷を伴う研究が禁止されるなど、環境保護の過度な強制があれば、ライフスタイルの自己決定権や思想・表現・学問の自由（13条・19条・21条・23条）など精神的自由権と対立する。また、考え方の多様な個人の尊重（13条）を憲法改正の不可能な限界とするなら、環境保護絶対主義やエコロジー中心主義へ改正するのは許されないだろう。特に憲法は個人の人権尊重原理や人間中心主義に立つとすれば、環境それ自体の保護を憲法に書き込まないままのほうが、個人・人間・ヒトのための環境保護という目的を見失わないのではないか。

　以上はひとつの考え方であり、これを批判する自由も認めるのが憲法の醍醐味でもある。こうした自由は、18歳も含め誰でも1人ひとりがもつ。

● 18歳も考える民主主義と環境保護：将来へ向けて
　民主主義からはどう考えるか。現在世代が将来世代の環境利益のことまで考えて行動しないことが多いため、なかなか選挙など多数決民主主義では環境保護はうまくいかないことがある。だが、どんなに多数者が賛成した経済政策・法律でも、憲法に違反するものは許されない。だから、解釈にしろ改正にしろ憲法レベルの環境保護を期待する考えがあるのだろう（上述の限界もある）。

　そうしたたんに多数決でなく、1人ひとりが考え議論する民主主義が重要である。環境政策への参加権の主張もある。現在の科学では不確実な化学物質・放射性物質・廃棄物、気候変動などによる身体的・精神的・経済的な権利侵害が、将来の自分や将来世代の子どもたちに起こるかもしれない。自然資源の世代間バランスの問題もある。そもそも、18歳も含む市民が（環境にかかわる）政治・政策について自分の意思を決定でき、中長期的な視点でもじっくり考えて議論に参加できる能力をもち、その参加に向けて望んで権利を獲得・行使しようとするならば、将来の環境法は少しずつ充実してゆくのではないか。

　将来の自由（97条）のためにも環境保護をどう考えるか。

＊詳しくは、畠山武道や松本和彦などの論稿を参照した藤井康博「環境と未来への責任」別冊法学セミナー『憲法のこれから』（日本評論社、2017）。

第II部 事件・現象から学ぶ環境法

8 「おいしい空気」が汚されたら生きられない
▶大気汚染

> **設例** Aさんは、工業地帯と国道に挟まれた地域で暮らしている。この地域の空気は昔に比べると随分きれいになったらしい。しかし、Aさんはぜん息に悩まされており、その原因が工業地帯の工場群から流れてくる煙と国道を走る自動車の排出ガスにあるのではないかと考えている。

1　日本の大気汚染の歴史

　大気汚染による被害は、すでに明治時代には、鉱山周辺や工場・事業場が集中する地域において生じていた。栃木県・群馬県の渡良瀬川沿岸に甚大な被害を及ぼした足尾銅山鉱毒事件では、精錬所からの煙害も著しかった。

　第二次世界大戦後の高度経済成長期には、全国各地の工業都市で深刻な大気汚染が生じることになった。四大公害事件のひとつである四日市公害は、大気汚染によって重い健康被害が生じた事件として有名である。1960年に三重県四日市市で石油化学コンビナートが操業を開始してから、空や海は工場・事業場からのばい煙や廃水によって汚され、近隣住民は悪臭や騒音、ぜん息に悩まされるようになった。1967年、四日市市のぜん息患者たちは、コンビナートの企業群のうち6社に対して大気汚染から生じた損害を賠償するよう求めて裁判を起こし、1972年、裁判所は、ばい煙中の**硫黄酸化物（SOx）**と健康被害との関係を認めて、6社すべてに責任があるという判決を下した（四日市公害訴訟・津地裁四日市支部判決昭47年7月24日）（コラム❽-1参照）。その後、工場・事業場に対する規制が強化されるようになり、大気中の硫黄酸化物の濃度は減少していった。

　その一方で、大都市圏を中心に、自動車からの排出ガスが空気を汚すようになった。自動車の排出ガスの成分の多くは二酸化炭素や水蒸気であるが、**窒素酸化物（NOx）**や**粒子状物質（PM）**といった健康被害を及ぼす物質も含まれている。そこで、自動車の交通量が多い地域を中心に、自動車排出ガス対策が行われるようになったが、その効果は必ずしも十分ではなく、近年、新たな取り組みが実施されている（コラム❽-2参照）。

2　工場・事業場の規制・対策

■展開例1　工場から排出される煙はどのように規制されているのだろうか。

（1）ばい煙の規制　大気汚染防止法は、1968年に制定され、工場・事業場に設置されたボイラーなどのばい煙発生施設からの「ばい煙」の排出を規制してきた。ばい煙とは、硫黄酸化物、すすなどのばいじん、有害物質（窒素酸化物など）をいう（コラム❽-3参照）。各ばい煙発生施設は、物質の種類

◆1　硫黄酸化物（SOx）
石油・石炭等に含まれる硫黄分が燃焼によって酸化することで発生する。ぜん息等の呼吸器疾患の原因物質である。また、大気中で強酸に変化して雨に溶け込むことで、酸性雨をもたらす。SOxのうち、二酸化硫黄（SO_2）については大気環境基準が設定されている。

◆2　窒素酸化物（NOx）
燃料に含まれる窒素化合物や空気中の窒素が燃焼によって酸化することで発生する。窒素酸化物は、それ自体でも人体に有害であるが、光化学オキシダントの原因物質であり、硫黄酸化物と同様に酸性雨の原因にもなっている。また、一酸化二窒素（亜酸化窒素）は温室効果ガスでもある。NOxのうち、二酸化窒素（NO_2）については大気環境基準が設定されている。

◆3　粒子状物質（PM）
様々な種類や性状、大きさをもつ個体や液体の粒の総称であり、大気中に浮遊している粒径が10マイクロメートル以下のものを浮遊粒子状物質（SPM）という。なかでも、粒径2.5マイクロメートル以下の微小粒子状物質（PM2.5）は、呼吸器の奥深くまで入りやすいため、SPMとは別に環境基準が設定されている。

ごと、施設の種類・規模ごとに定められた排出基準を守らなければならない。大気汚染の深刻な地域において新設されるばい煙発生施設には、硫黄酸化物とばいじんについて、より厳しい基準が課される。それでもなお大気汚染防止が不十分である地域では、地方公共団体が、条例を制定することで、ばいじんと有害物質について、より厳しい基準を各ばい煙発生施設に課すことができる。規制の方法として、ばいじんと有害物質は濃度で規制し、硫黄酸化物は量で規制している（K値規制）。

工場・事業場が密集している地域では、各ばい煙発生施設が排出基準を守ったとしても、環境基準を確保することが難しくなる。そこで、そのような地域を指定して、硫黄酸化物と窒素酸化物について総量規制を行っている。指定地域が所在する都道府県知事は、総量削減計画を策定し、これに基づいて一定規模以上の工場・事業場ごとの合計許容限度となる総量規制基準を定めている。新増設される一定規模以上の工場・事業場については、より厳しい特別総量規制基準を定めている。

排出基準に適合しないばい煙を排出した者には、刑罰が科せられる（直罰制）。また、都道府県知事・政令市の長は、ばい煙排出者が排出基準に適合しないばい煙を継続して排出するおそれがあると認めるときは、ばい煙発生施設の構造等の改善や一時使用停止を命ずることができるし、これらの命令に違反すると刑罰が科せられる。

(2) **揮発性有機化合物の対策**　塗料の溶剤、接着剤、インクなどには、トルエン、キシレンなどの常温で揮発しやすい有機化合物が含まれている。このような揮発性有機化合物（VOC）は、健康被害を及ぼす粒子状物質や光化学オキシダント（Ox）を生み出す原因となっている。そこで、VOCについては、排出の規制と、事業者が自主的に行う排出および飛散の抑制のための取り組みとを適切に組み合わせて効果的に実施することとされている。すなわち、事業者は、事業活動に伴うVOCの排出・飛散の状況を把握するとともに、排出・飛散を抑制するために必要な措置を講ずるという一般的な責

→● 4　**K値規制**
地域ごとに係数（K）を決め、以下の計算式により求められた許容量を超える排出を制限する。Kの値は、工場・事業場が多く立地し、硫黄酸化物の高濃度汚染が生じるおそれがある地域ほど小さく設定されている。
$Q = K \times 10^{-3} \times He^2$
Q：硫黄酸化物の許容排出量（Nm³/h）
He：有効煙突高（m）

→● 5　**直罰制**
違反行為があった場合に、改善命令等を経ることなく、ただちに罰則が適用されることをいう。一方で、間接罰制では、違反者に対して行政庁が改善命令等を発したうえで、従わない場合に罰則が適用される。

→● 6　**光化学オキシダント（Ox）**
窒素酸化物やVOC等が太陽の紫外線により光化学反応を起こして生じるオゾン（O₃）などの酸化性物質の総称である。日差しが強く、気温が高く、風が弱い日などには、大気中の光化学オキシダントの濃度が高まり、光化学スモッグが発生する。目・喉や呼吸器などに影響を与えるため、大気環境基準が設定されている。

コラム 8-1　大気汚染公害訴訟と政策形成

大気汚染公害と一連の訴訟は、公害行政と環境法の発展に重要な役割を果たしてきた。まず、四日市公害は、四日市市において全国初の公害患者医療費負担制度（1965年）と硫黄酸化物総量規制制度（1972年）を創設させ、公害に係る健康被害者の救済に関する特別措置法（1969年）——のちに公害健康被害の補償等に関する法律（1973年）によって代置された——の制定と大気汚染防止法への硫黄酸化物の総量規制（1974年）の導入に影響を与えた。また、四日市公害訴訟判決は、工場立地にあたっては事前に環境に与える影響を総合的に調査研究して結果を判断すべきであったとして、「立地上の過失」を認定し、環境影響評価制度の普及に寄与した。

その後、規制の強化や脱硫技術の進展により、大気中の硫黄酸化物の濃度は減少していくが、自動車交通量の増加のため、都市部での大気汚染は改善されなかった。それにもかかわらず、1978年には二酸化窒素の環境基準が緩和され、1988年3月1日からは公害健康被害補償法の下での大気汚染による公害患者の認定は新規に行われないこととなった。

このような公害行政の後退を背景に、西淀川、川崎、尼崎、名古屋南部、東京等の大気汚染による被害者たちは、自らの健康被害の司法的救済を求めるだけでなく、立法・行政による自動車排出ガス対策と大気汚染にかかわる公害健康被害補償制度の復活を目的として訴訟活動を行った。これらの訴訟はすべて和解で終結したが、大気汚染の改善と被害者の救済に向けた政策形成に多大な成果をもたらした。たとえば、国、東京都、首都高速道路公団（当時）、自動車メーカー7社を被告とした東京大気汚染公害訴訟において、自動車メーカーの法的責任は認められなかったが、①自動車メーカーによる解決金の支払い、②被告らの負担による東京都大気汚染医療費助成制度の拡充、③PM2.5の環境基準の創設が実現したほか、④幹線道路を中心とした大気汚染対策が強化された。

務を負っているが、それに加えて、塗装施設などのVOCの排出量が多い施設は、排出基準を守る義務も負うのである。都道府県知事は、違反者に対してVOC排出施設の構造等の改善や一時使用停止を命ずることができるし、これらの命令に違反すると刑罰が科せられる。

VOC規制の仕組みがばい煙規制の仕組みと異なるのは、VOCが人体に有害な粒子状物質や光化学オキシダントを生成する能力をもっていることは明らかになっているものの、どの程度を抑制すればそれらの物質を減らす効果があるのかが科学的に不確実だからである。

(3) **粉じんの規制**　粉じんとは、物の破砕、選別その他の機械的処理やたい積に伴い発生・飛散する物質をいう。このうち、人の健康に係る被害を生ずるおそれがある物質を「特定粉じん」といい、**アスベスト（石綿）**[7]が指定されている。その他のものは一般粉じんである。

土砂の堆積場などの一般粉じん発生施設は、構造・使用・管理に関する基準を守らなければならず、都道府県知事は、違反者に対して基準の適合や一時使用停止を命ずることができる。アスベストについては、すでに製造・輸入・使用が全面禁止されているものの、建築材料として大量に使用されてきた経緯から、アスベスト使用建物の解体等の作業を行う際には、事前に調査・届出を行い、作業基準を守らなければならない（アスベストによる健康被害への法的対応については本書⓬を参照）。

(4) **有害大気汚染物質の対策**　大気汚染の原因となる物質はばい煙や粉じん、VOC以外にもあるし、それらのなかには人が継続的に摂取すると健康を損なうおそれのあるものも存在している。**中央環境審議会**[8]は、そのような「有害大気汚染物質」に該当する可能性がある248物質を挙げている。

これらの有害大気汚染物質について、国は、汚染状況の把握、科学的知見の充実、被害のおそれの評価、成果の公表を行うとともに、事業者と地方公共団体の取組促進に資するため、排出抑制技術の収集整理と普及を行うものとされている。地方公共団体は、汚染状況の把握、事業者の取組促進のための情報提供、住民に対して汚染防止の知識の普及を行うものとされている。事業者は、自社の排出量を把握し、排出抑制を自主管理として行う必要がある。そして国民は、日常生活に伴う排出抑制に努めるものとされている。

有害大気汚染物質のうちの23物質は、健康リスクがある程度高いと考えられる「優先取組物質」である。優先取組物質のなかでも、ベンゼン、トリクロロエチレン、テトラクロロエチレンは、早急な排出抑制対策が必要な物質として、環境基準も設定されている。これらの3物質を排出する施設には、環境基準を達成する目的で抑制基準が定められているが、違反する者に対しての罰則がなく、都道府県知事・政令市の長が勧告できるにすぎない。また、水銀およびその化合物については、**水銀に関する水俣条約**[9]の発効に伴い、2018年4月に排出規制が導入された。

3　自動車排出ガスの規制・対策

■展開例2　自動車の排出ガスにはどのように対応しているのだろうか。

(1) **大気汚染防止法による規制**　大気汚染防止法にも自動車の排出ガスを規制するための条文が置かれているが、自動車の所有者や運転者に排出ガ

➡ 7　アスベスト（石綿）
天然の繊維状鉱物で、熱・摩擦・薬品等にも強く、安価であるため、建材・工業製品を中心に幅広い用途で使用されてきたが、吸入すると長い潜伏期間を経て肺がんや中皮腫などを発症する可能性がある。環境法分野においては、大気汚染防止法のほか、廃掃法、PRTR法でも規制されている。

➡ 8　中央環境審議会
環境保全に関する施策の作成・実施のために広く学識経験者に意見を求めるため、内閣総理大臣・環境大臣・関係大臣の諮問機関として環境省に置くことが環境基本法で定められている審議会である。

➡ 9　水銀に関する水俣条約
水銀が人の健康や環境に与えるリスクを低減するため、水銀の産出・使用・排出・廃棄といったライフサイクル全般にわたって包括的な規制を行う条約である。

スを低減するよう個別に命令を出したり刑罰を科したりすることは事実上不可能である。そこで、同法は、自動車の構造と交通を規制している。

自動車の構造について、環境大臣は、自動車の排出ガス量の許容限度と、自動車燃料の性状と燃料中の物質量許容限度を定めなければならない。また、交通について、都道府県知事は、自動車排出ガスによる汚染が一定の濃度を超えている場合には、公安委員会に対して道路交通法に基づく規制を要請することができる。

(2) **自動車NOx・PM法による対策**　大都市地域における自動車排出ガス対策を目的として、自動車から排出される窒素酸化物及び粒子状物質の特定地域における総量の削減等に関する特別措置法（通称：自動車NOx・PM法）が制定されている。

自動車交通が集中し、大気汚染防止法等による措置だけでは二酸化窒素（NO_2）または浮遊粒子状物質（SPM）に関する環境基準の確保が困難な特定地域について、国は総量削減基本方針を定めている。都道府県知事は、総量削減基本方針に基づいて総量削減計画を定めることに加えて、特定地域内で大気汚染が特に著しく、窒素酸化物または粒子状物質対策を実施することが特に必要と認める窒素酸化物重点対策地区または粒子状物質重点対策地区について、重点対策計画を策定しなければならない。

特定地域内に使用の本拠の位置を有するディーゼル車[10]については、窒素酸化物排出基準および粒子状物質排出基準に適合しないと使用できない。一定規模以上の事業者は、自動車使用管理計画を作成し、都道府県知事に提出し、排出抑制に必要な措置の実施状況を定期的に報告しなければならない。窒素酸化物重点対策地区または粒子状物質重点対策地区内に自動車の交通量を生じさせる建物を新増設する者は、窒素酸化物または粒子状物質の排出抑制のための配慮事項等を都道府県知事に届け出なければならない。

都道府県知事は、事業者に対して、窒素酸化物等の排出抑制について必要な指導・助言を実施することができるし、取り組みが著しく不十分な事業者

[10] ディーゼル車
軽油を燃料とするエンジンを搭載した車を指す。ディーゼルエンジン内の不完全燃焼により生成されるディーゼル排出微粒子（DEP）は、発がん性を有することが示唆されている。窒素酸化物や粒子状物質の排出量が少ないものは、クリーンディーゼル車と呼ばれている。

コラム 8-2　環境的に持続可能な交通と環境ロードプライシング

環境的に持続可能な交通（EST）とは、経済協力開発機構（OECD）が提案する、長期的な視野で環境面から持続可能な交通ビジョンを踏まえて交通・環境政策を策定・実施する取り組みである。日本では、国土交通省が、同省の環境行動計画に基づいて、公共交通機関の利用を促進して自家用自動車に過度に依存しないなど、ESTの実現を目指す先導的な地域を募集し、革新的かつ総合的な取り組みに対して、次世代型路面電車システムの整備やバスの活性化等の公共交通機関の利用促進、自転車利用環境の整備、道路整備や交通規制等の交通流の円滑化対策、あるいは低公害車の導入促進等の分野における支援策を集中的に講じるなど、地域の意欲ある具体的取組に対する連携施策を強化している。

大都市圏では窒素酸化物に関する環境基準を達成できない地域が残っており、現行の自動車排出ガス規制のままでは短期の改善はできないと予測されている。そこで、ESTを実現するための取り組みのひとつとして、自動車から通行料金を徴収する仕組みを使って交通量を抑制することで、自動車の使用に伴う大気汚染物質の発生を抑制して沿道環境を改善することが期待されている（環境ロードプライシング）。すでに2001年から、有料道路の路線間に料金格差を設けることで臨海部路線へと交通を誘導させて市街地路線の沿道環境を改善することを目指して、首都高速道路と阪神高速道路において無線通信を利用した電気料金収受システム（ETC）を使用した自動車に限定した割引が実施されている。

なお、東京2020オリンピック・パラリンピック競技大会においては、大会関係車両の円滑な輸送と経済活動・市民生活の両立を図ることを目的として――環境改善目的ではない――、首都高速道路において日中の料金上乗せと夜間の割引が実施された。これにより、首都高については交通量が減少する効果が得られた反面、首都高入口付近や迂回道路など一部の区間では渋滞が生じることとなった。

に対しては、命令・勧告することができる。

(3) **地方公共団体の取り組み**　粒子状物質について、東京都・埼玉県・千葉県・神奈川県は、排出基準に適合しないディーゼル車の走行規制を行っている。また、窒素酸化物と粒子状物質の両方について、兵庫県は、排出基準に適合しない大型車について阪神東南部地域の走行規制を、大阪府は自動車NOx・PM法対策地域内に発着する排出基準不適合車の流入規制を実施している。

4　大気汚染によって被害を受けたらどうしたらよいか？

■展開例3　Aさんは、誰に対してどのような請求をすることができるだろうか。

(1) **損害賠償請求**　Aさんは、工業地帯にある工場群と国道の管理者である国に対して、損害賠償請求訴訟を提起することを考えるべきである。

民法は、数人が共同の不法行為によって他人に損害を加えたときは、各自が連帯して損害賠償責任を負うとし（民法719条1項前段）、共同行為者のうちいずれの者が損害を加えたのかわからないときも同様であるとしている（民法719条1項後段）。伝統的見解は、民法719条1項前段の共同不法行為が成立するためには、共同行為者各自の行為が関連共同していることと、各自の行為が独立に不法行為の要件——加害者の故意・過失、加害行為と損害の発生との間の因果関係、加害行為の違法性——を備えることが必要だとしている（山王川事件・最高裁判決昭43年4月23日）。もっとも、各自の行為が独立に不法行為の要件を満たすのであれば、それらをまとめて共同不法行為として扱う意義は小さいし、各自の行為と損害の発生との間の因果関係を証明することが難しい場合もある。そのため、関連共同性のある共同行為と損害の発生との間に因果関係があれば共同不法行為が成立するという見解が有力となっている。本設例でもそのように考えるべきであろう。共同不法行為における関連共同性には、行為者間に緊密な一体性が認められる強い関連共同性と、結果の発生に対して社会通念上1個の行為と認められる程度の一体性が認められるにすぎない弱い関連共同性がある（四日市公害訴訟判決）。各工場は、強い関連共同性がある場合、結果の全部について責任を負うが、弱い関連共同性があるにすぎない場合、寄与度に応じた減責を主張することができるとされている（西淀川事件第1次訴訟・大阪地裁判決平3年3月29日など）。

本設例において、Aさんは、健康被害を主張しているため、工場群の過失について証明する必要はない（大気汚染防止法25条）。大気汚染物質（因子）と集団の健康被害との因果関係は、疫学的因果関係論によって、①因子が発病の一定期間前に作用するものであること、②因子の作用する程度が著しいほど、疾病の罹患率が高まること、③因子が取り去られた場合に疾病の罹患率が低下し、また因子をもたない集団ではその罹患率がきわめて低いこと、④因子が原因として作用するメカニズムが生物学的に矛盾なく説明できること、の4点を立証することで認められる（四日市公害訴訟判決）。違法性の有無については、種々の事情を総合勘案して被害の受忍限度を超えるかどうかで判断している。たとえば、国道43号線訴訟上告審判決（最高裁判決平7年7月7日）では、最高裁は、①侵害行為の態様と侵害の程度、②被侵害利益の性質と内容、③侵害行為のもつ公共性の内容と程度、④被害の

防止に関する措置の内容等を考慮し、⑤③については受益と被害の彼此相補性を検討した結果、国道43号線沿線住民の被害が受忍限度を超えていると判断した。

国道を走る自動車の排出ガスによる大気汚染について国家賠償責任が成立するためには、国道の設置または管理の瑕疵が原因で損害が生じていることが必要である（国家賠償法2条）。瑕疵とは、物が通常有すべき安全性を欠いている状態、すなわち他人に危害を及ぼす危険性がある状態をいい、物が供用目的に沿って利用されることとの関連においてその利用を生じさせる危険性がある場合も含まれる（国道43号線訴訟上告審判決）。

工場群からのばい煙に含まれる窒素酸化物と自動車排出ガスに含まれる窒素酸化物が不可分一体となって本設例の地域の大気汚染に寄与している場合、工場群の行為と国道の瑕疵は社会通念上一体性があるとみられるため、民法719条1項後段の類推適用に基づく共同不法行為において、両者には弱い関連共同性があると考えられるだろう。

(2) 民事上の差止請求　Aさんは、工場群と国に対して、環境基準を超える大気汚染物質を自己の敷地内に侵入させないよう求める差止請求（抽象的不作為請求[11]）訴訟を提起することを考えるべきである。

環境汚染を差し止める法的根拠は民法で明文化されていないが、物権的請求権[12]や人格権[13]に基づく差止めが判例上認められてきた。差止めを認めるかどうかについても、受忍限度を超えるかどうかにより判断しているが、前出の国道43号線訴訟上告審判決では、損害賠償の違法性判断とは異なり、①侵害行為の態様と侵害の程度、②被侵害利益の性質と内容、③侵害行為のもつ公共性の内容と程度のみで判断し、国道43号線の公共性を重視した結果、差止めを認めなかった。一般に、道路の公共性は高いと考えられるが、原告に健康被害が認められた事案において差止めを命じた裁判例もある（尼崎公害訴訟・神戸地裁判決平12年1月31日、名古屋南部大気汚染公害訴訟・名古屋地裁判決平12年11月27日）。

11　抽象的不作為請求
たとえば、騒音や大気汚染物質の除去措置を被告に求めるのでなく（具体的作為請求）、原告の居住地に一定以上の騒音や大気汚染物質を侵入させないことを被告に求めることをいう。

12　物権的請求権
所有権等の物権を有する者は、その行使を妨げる者や妨げるおそれのある者に対して、そうした妨害の排除・予防を請求することができる。物権は、物を直接に支配する権利であるので、その内容を実現するために認められる権利である。

13　人格権
生命・身体・自由・名誉・プライバシーなど、個人の人格的利益を保護するための権利を指す。判例は、人格権の一種としての平穏生活権が侵害される場合にも差止めを認めている。

コラム8-3　温室効果ガスは大気汚染物質か？

近年、裁判を通じて政府や企業に対して気候変動への対応を求める「気候変動訴訟」が世界的に活発化している。オランダでは、2015年、ハーグ地裁が、オランダ政府に対して、温室効果ガス2020年削減目標を1990年比20％削減から少なくとも25％削減に引き上げるよう命じた。この判断は、2019年に最高裁で確定した（Urgenda Foundation v. State of the Netherlands）。

日本では、2011年、環境保護団体らが、電力会社11社に対し、各事業活動に伴う二酸化炭素排出量を1990年比で29％以上削減することを求める公害調停を、公害等調整委員会に申請した。申請人らが参考にしたのはアメリカの判例である。2007年、アメリカ合衆国最高裁は、温室効果ガスは大気汚染物質であると判断した（Massachusetts v. EPA）。申請人らは、大気汚染防止法が「ばい煙」を「物の燃焼、合成、分解その他の処理‥‥に伴い発生する物質のうち、‥‥人の健康又は生活環境に係る被害を生ずるおそれがある物質」と定義しているので、二酸化炭素も同法の対象となる余地はあり、地球温暖化問題は環境基本法2条3項にいう「公害」である、といった主張を行った。しかしながら、公害等調整委員会は、二酸化炭素等の排出による地球温暖化問題は公害に係る被害ではなく、本件は公害に係る紛争ではないという理由で、申請を却下した。裁判所も、当該却下決定を適法と判断した（東京高裁判決平27年6月11日）。

その後、2017年に仙台、2018年に神戸、2019年に横須賀において、石炭火力発電所の新設や稼働により、排出される二酸化炭素が地球温暖化を加速させることと、PM2.5等の大気汚染物質による健康被害を受けることを懸念する住民らが、その中止を求めるための訴訟を提起した。仙台については住民らの敗訴で終了したが（仙台高裁判決令3年4月27日）、神戸と横須賀については2024年7月時点で係属中である。

「命の水」が汚されたら生きられない
▶水質汚濁

設例 Aさんの家では、B河川を水源とする水道水と地下から汲み上げている地下水を生活用水として使用している。B河川流域およびAさんの住居周辺には工場・事業場、廃棄物処分場、ゴルフ場などが立地しており、Aさんはこれらの施設からの排水によって河川や地下水が汚染され、その水を体内に取り込むことによって、自身や家族の健康が害されるのではないかと心配している。

1 水はどのような形で存在しているのか？

私たちの日常生活は水なしでは成り立たない。水を1滴も使わずに生活することなど不可能である。では、私たちにとってかけがえのない水は、どのような形で存在し、どのように私たちに供給されているのであろうか。

まず、水道水として私たちに供給される水は、公共用水域を水道水源として汲み上げられ、浄水場で飲料等に適した状態まで浄化されたうえで、各家庭に送られる。公共用水域とは、河川、湖沼、港湾、沿岸海域その他公共の用に供される水域およびこれに接続する公共溝渠、かんがい用水路その他公共の用に供される水路をいい、下水道は含まれない。水道水源の約7割が河川等の表流水で、残りの約3割を地下水が占めている。また、家庭によっては、水道用水のほかに、自身で井戸を掘って地下水を生活用水として使用している場合もある。このほか、農産物や魚介類その他の食料の生産・供給にもきれいな水は欠かせない存在である。

私たちが健康に安心して生活していくうえで、公共用水域や地下水の汚染を防止することが重要である。同時に、水量の減少は水質の悪化、生態系の劣化、地盤沈下など様々な問題を引き起こすことから、貴重な水が枯渇することのないよう、健全な水循環を確保していくことも忘れてはならない。

2 何が水を汚しているのか？

汚染物質や有機物質などの流入により、水質や水の状態が悪化してしまうことを水質汚濁という。かつては工場・事業場からの排出水に含まれる汚染物質や有害物質が水質汚濁の主な原因であったが、近年では都市化の進展に伴い、家庭からの生活排水に含まれる汚染物質のほか窒素やリンといった富栄養化を引き起こす有機物も大きな原因となってきている。産業型の汚染から生活型の汚染へと拡大してきているのである。加えて、農地、道路、飛行場のような面的な広がりをもつ汚染源からの汚染物質の流入も課題となっている。水質汚濁による影響は、工場排水中のメチル水銀化合物が魚介類を通じて人体に蓄積されたことに起因する水俣病や鉱山排水中のカドミウムが主な原因物質となったイタイイタイ病に代表される産業型の健康被害のみなら

◆1 水道水源
公共用水域から水道用水供給事業のための原水として取水施設から取り入れられるものおよびその公共用水域にその水が流入する公共用水域をいう。

◆2 健全な水循環
水の流れ、循環の連続性に着目し、水環境を流域全体における水循環の健全さから捉える視点で、流域を中心とした一連の水の流れの過程において、人間社会の営みと環境の保全に果たす水の機能が、適切なバランスのもとに、ともに確保されている状態をいう。

◆3 生活排水
炊事、洗濯、入浴等の人の生活に伴って公共用水域に排出される水をいう。工場または事業場からの排出水は含まれない。

ず、水道、工業、農業等の各種用水の汚濁による被害、水産業への被害のほか、都市における環境衛生上の影響、都市景観の価値の低下等、生活環境や各種産業にも広く及ぶようになってきている。水質汚濁とそれによる被害を防止するためには、事業者に対する規制とともに、家庭からの生活排水対策もあわせて講じていく必要がある。

3 法律はどのように水を守ろうとしているのか？

(1) **水を守るための法律にはどのようなものがあるか** 水の流れの過程全体を視野に入れ、健全な水循環の維持または回復を図ることを目的として、**水循環基本法**が制定されている。そのうえで、水を守るための主な法律としては、次のようなものがある。まず、水質汚濁を防止するための基本的な事項や規制の枠組みについて定める水質汚濁防止法がある。さらに、閉鎖性水域や特定の海域の環境保全を目的としたものとして、湖沼水質保全特別措置法、瀬戸内海環境保全特別措置法、有明海及び八代海を再生するための特別措置に関する法律がある。また、水道水源の水質保全については、特定水道利水障害の防止のための水道水源水域の水質の保全に関する特別措置法および水道原水水質保全事業の実施の促進に関する法律がある。一方、生活や事業に起因する廃水等を処理することで公共用水域の水質保全に資することを目的とするものとして下水道法や浄化槽法がある。このほか、地下水の水源保全と地盤沈下の防止を目的とする工業用水法や建築物用地下水の採取の規制に関する法律がある。

このうち、工場・事業場からの公共用水域への水の排出および地下への浸透を規制するとともに、生活排水対策を実施すること等をとおして、公共用水域と地下水の水質汚濁を防止することで、人の健康と生活環境を保全するとともに、被害者保護を図ることを目的とする水質汚濁防止法が、水を守るための法律のなかでも最も基本的かつ重要なものである。以下でこの法律の仕組みについてみよう。

> **4 水循環基本法**
> 同法は、「水循環」および「健全な水循環」の定義、「水循環の重要性」、「水の公共性」、「健全な水循環への配慮」、「流域の総合的管理」、「水循環に関する国際的協調」という基本理念、国・地方公共団体・事業者・国民の責務のほか、8月1日を「水の日」とすることや政府が水循環基本計画を策定することなどを定めている。

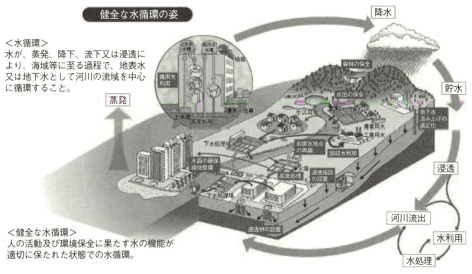

資料❾-1 健全な水循環のイメージ

出所：https://www.kantei.go.jp/jp/singi/mizu_junkan/yuushikisha/dai1/siryou4.pdf（内閣官房水循環政策本部事務局『最近の水循環施策の取組状況について』平成30年10月9日）

5 水質汚濁に係る環境基準と排水基準

公共用水域および地下水の水質について維持されることが望ましい基準として、環境基本法第16条に基づき、健康項目と生活環境項目とに分けて、水質汚濁に係る環境基準が設定されている。特定事業場に遵守が義務付けられる排水基準も同様に、健康項目と生活環境項目とに分けて設定されており、健康項目については、環境基準の10倍の値に排水基準が設定されている。一方、生活環境項目の排水基準は、環境基準とは連動していない。

6 特定施設と特定事業場

人の健康を害するおそれのある物質を含むか、または生活環境に被害をもたらすおそれがある程度の汚染状態にある、汚水または廃液を排出する施設をいう。具体的には政令において、第1次から第3次産業までの業種に応じて、洗浄施設、ろ過施設、脱水施設、厨房施設、洗濯施設、入浴施設などが定められている。こうした特定施設を設置している工場または事業場を特定事業場という。

7 閉鎖性水域

公共用水域のうち内湾、内海、湖沼等の水の入れ替わりが少ない水域をいう。こうした水域では、陸岸に囲まれているために汚濁物質が流入しやすく、汚濁負荷量が自然の浄化能力を超えてしまいやすいことから、水質汚濁や富栄養化による赤潮等の被害が発生しやすい。

8 総量規制

排出基準による濃度規制のみでは環境基準の達成が困難な閉鎖性水域に立地する一定規模以上の特定事業場について、排出基準の遵守に加えて、汚濁負荷量で表される総量規制基準の遵守も義務付けるもの。具体的にはCOD、窒素・りんの項目について、指定地域内にある1日平均排水量50㎥以上の特定事業場に対して総量規制基準の遵守が求められる。
水質汚濁防止法では、ほとんど陸岸で囲まれている閉鎖性の海域で、生活または事業活動に伴い排出された水が大量に流入する広域の公共用水域として、東京湾と伊勢湾を指定水域としている。また、瀬戸内海は瀬戸内海環境保全特別措置法に基づき総量規制の指定水域となっている。

9 生活排水処理施設

下水道法に基づく下水道のほかに、農業集落排水処理施設、漁業集落排水処理施設、コミュニティ・プラント、合併処理浄化槽といった施設がある。

---

(2) 水質汚濁防止法の仕組みはどのようになっているのか 環境基本法に基づいて、人の健康を保護し生活環境を保全するうえで維持されることが望ましい基準として環境基準が定められている。水質汚濁に係る環境基準には、人の健康の保護に関する項目（健康項目）と、生活環境の保全に関する項目（生活環境項目）の2種類がある。健康項目としては、カドミウム、鉛等の重金属類、トリクロロエチレン等の有機塩素系化合物、シマジン等の農薬など、公共用水域に適用されるものとして27項目、地下水に適用されるものとして28項目が設定されている。生活環境項目としては、水素イオン濃度（pH）、生物化学的酸素要求量（BOD）、化学的酸素要求量（COD）、浮遊物質量（SS）、溶存酸素量（DO）、全窒素、全りん、大腸菌数等の基準が、利水目的に応じて、河川、海域、湖沼といった水域ごとに設定されている。水質汚濁防止法のもとでは、まずはこうした水質汚濁に係る環境基準を達成することを目指して、特定施設を有する工場・事業場（以下、「特定事業場」という）からの排水規制と家庭からの生活排水対策が実施されている。

まず、排水規制では、特定事業場から排出される水質汚濁物質について、物質の種類ごとに定められている排水基準（通常、1リットル当たり何mgで表される濃度基準）を守ることを、排出水を排出する者に対して義務付けている。排水基準には、上述の環境基準に対応して、人の健康にかかわる被害を生ずるおそれのある有害物質を含む排出水の汚染状態（健康項目）について定めるもの28項目と、CODその他の水の汚染状態（生活環境項目）について定めるもの15項目とがある。健康項目については、該当する有害物質を排出するすべての特定事業場に適用される一方、生活環境項目については、1日の平均排水量が50㎥以上の特定事業場にのみ適用される。このように一定規模未満の特定事業場を規制の対象からはずすことをスソ切りという。また、たとえ個々の特定事業場が排水基準を守っていたとしても、大量の排水が流入する閉鎖性水域においては環境基準の達成が難しい状況があることから、こうした場合には一定規模以上の特定事業場に対して総量規制基準の遵守が義務付けられている。このほか、地下水汚染対策として、有害物質の地下への浸透が禁止されている。以上のような排水規制の効果をより確実にするために、特定施設を新たに設置または構造等の変更をしようとする者に対して、都道府県知事に対してあらかじめ施設の設置・変更の届出を行うことを義務付けたうえで、都道府県知事がその内容を審査して、その施設が排水基準や総量規制基準に適合しないと認めるときは、計画の変更や廃止を命じることができるようになっている。さらに、排水基準違反に対しては、改善命令等を経ることなく、6か月以下の懲役または50万円以下の罰金という刑罰が規定されている（これを直罰主義という）ほか、排水基準や総量規制基準に適合しない排出水を排出するおそれがある場合には改善命令等が出されうる。

次に、生活排水対策では、市町村に対して、生活排水による公共用水域の水質汚濁を防止するために、下水道などの生活排水処理施設の整備や啓発指導員の育成といった各種施策の実施に努めることを義務付けたうえで、国民に対しては、調理くず、廃食用油等の処理、洗剤の使用等を適正に行うよう心がけるとともに、国や地方公共団体による生活排水対策の実施への協力を求めている。このほか、生活排水対策が特に必要な地域を対象とした、都道府県知事による生活排水対策重点地域の指定や市町村による生活排水対策推

進計画の策定等に関する規定がある。このように生活排水対策では、生活排水を排出する者に対する規制ではなく、主に地方公共団体による排水処理施設の整備と普及啓発が中心となっている。

また、水質汚濁防止法は、汚水の流出事故時を想定した規定も置いている。具体的には、特定事業場の設置者に対して、特定施設の破損その他の事故が発生し、有害物質または油を含む水が公共用水域に排出され、または地下に浸透したことにより人の健康や生活環境への被害が生ずるおそれがあるときは、ただちに応急措置を講じるとともに、速やかに事故状況と講じた措置の概要を都道府県知事に届け出ることを義務付けている。特定事業場以外の貯油施設等や指定施設を設置する工場・事業場の設置者にも同様の義務が課されている。

→ 10 　貯油施設等
特定施設を除く、重油その他の政令で定める油を貯蔵し、または油を含む水を処理する施設をいう。

→ 11 　指定施設
有害物質を貯蔵もしくは使用し、または有害物質と油以外の物質で公共用水域に多量に排出されることで人の健康や生活環境への被害が生ずるおそれがある物質（「指定物質」という）を製造、貯蔵、使用もしくは処理する施設をいう。指定物質としては、これまで56物質が指定されていたが、令和5年に、有機フッ素化合物の一種であるPFOSやPFOAという有害性、難分解性、高蓄積性、長距離移動性を有する物質を含む、4物質が新たに追加されている。PFOSおよびPFOAは、残留性有機汚染物質に関するストックホルム条約（POPs条約）に基づき廃絶等の対象とされており、日本でも製造・輸入等を原則禁止している。

■展開例1　土壌に浸透した汚染物質によって地下水が汚染された場合にどのような対応を取ることができるか。

地下に浸透した汚染物質は地層や土壌に吸着されたり、地下水の流速が緩慢であったりするなどの理由から、地下水がいったん汚染されてしまうと自然の浄化を期待することは難しい。そこで、上で述べたように、まずは地下水汚染を未然に防止することが肝要であることから、水質汚濁防止法は、有害物質の地下への浸透を禁止しているが、それにもかかわらず有害物質が流出して地下に浸透した結果、地下水が汚染されてしまった場合にはどのような対応が取られるのであろうか。有害物質による土壌汚染については土壌汚染対策法に基づく対応がなされるが、有害物質を地下に浸透させたことにより、地下水が汚染された場合には、水質汚濁防止法に基づく対応がなされることになる。

水質汚濁防止法の下では、特定事業場において有害物質に該当する物質を含む水の地下への浸透があったことにより、現に人の健康に係る被害が生じ、または生ずるおそれがあると認めるときは、その被害を防止するため必

コラム9-1　水俣病の教訓：未然防止の重要性

水俣病は、化学工場から排出水に混じって海や河川に排出されたメチル水銀化合物が、魚介類に吸収または食物連鎖を通じて蓄積され、それを摂取した人々が罹った中毒性の神経疾患である。最初に患者が公式に確認されたのは1956年のことで、その後も熊本県の水俣湾周辺に多くの患者が出たことから水俣病と呼ばれている。1995年には新潟県の阿賀野川流域でも水俣病の発生が報告された。水俣病の原因企業は、水俣湾周辺についてはチッソ、阿賀野川流域については昭和電工であった。

水俣病患者の救済策としては、まず、公害健康被害補償法に基づき、国が定める認定基準に照らして水俣病であると認定された患者については、療養費等の補償給付がなされる制度がある。しかし、認定基準が厳しいことから、認定申請をしても認定を受けられない患者（未認定患者）がいまだに数多く存在している。そこで、2009年には水俣病被害者の救済及び水俣病問題の解決に関する特別措置法が制定され、これまでの認定基準よりも緩やかな要件のもとで、期限を区切って、公害健康被害補償法の認定基準を満たさない者でも水俣病被害者として救済することとなった。

水俣病をめぐっては、原因企業を相手取った民事裁判、当時の経営陣の責任をめぐる刑事裁判、国や県が適切な対応をしなかったことの責任を追及する国家賠償請求、公害病患者としての認定の遅れの違法性の確認を求める行政訴訟など、これまでに複数の訴訟が提起され、いまだに係争中のものもある。また、公害健康被害補償法の下で認定申請をしている者や認定を認められなかったために不服申立をしている者も多く存在している。このように水俣病全面解決の目途はいまだ立っておらず、一度引き起こされてしまった被害を終息させるには途方もない時間、労力、費用を要することがわかる。水俣病の経験は、被害を発生させる前に適切に汚染源を規制すること、そして、もし被害が発生してしまった場合にはそれが拡大する前に迅速に対応することの重要性を教えてくれる。

要な限度において、都道府県知事は、特定事業場の設置者（相続、合併または分割によりその地位を承継した者を含む）に対して、相当の期限を定めて、地下水の水質浄化措置命令を出すことができる。現在の特定事業場の設置者と、有害物質の地下浸透時における設置者とが異なる場合には、地下浸透時の設置者に対して水質浄化措置命令が出される（原因者負担主義を採用している）。地下水の水質浄化措置命令違反は、1年以下の懲役または100万円以下の罰金刑に処せられる。地下水の水質浄化措置命令が出されるのは、健康被害が現にあるか、そのおそれがある場合であり、それはすなわち地下水が井戸等によって直接に飲用に供されている場合に限られる。生活環境への被害もしくはそのおそれがある場合だけでは対応がなされないという限界がある。

4　地域の貴重な水源を守るために自治体はどのような取り組みをしているのか？

■展開例2　水質汚濁防止法等の法律による規制では、地域の水環境を十分に保全することができない場合、地方公共団体はどのような措置を講じることができるか。

(1)　**条例による上乗せ・横出し規制**　水質汚濁防止法に基づく排水基準は全国画一的に決められているが、狭いエリアに多くの特定事業場が密集している場合や、法律が定める項目や対象以外による汚染が深刻化している場合には、国レベルで定めた規制のみでは地域の水環境を十分に保全することが困難となる。このような場合、地方公共団体は条例で、国レベルで定めた規制よりも厳しい規制を導入することができる。国が定めた排水基準よりも厳しい基準を条例で導入することを上乗せ規制、また、国が定めた規制対象項目や規制対象事業場の種類以外の項目や事業場を条例で追加することを横出し規制という。水質汚濁防止法の下では、都道府県に対して上乗せ規制が、また、地方公共団体に対して横出し規制を行うことが認められている。

(2)　**水道水源保護のための条例**　地方公共団体のなかには水源の水質を守るために独自に水道水源保護条例を制定しているところも多い。こうした条例では、水道水源保護区域を指定したうえで、そこで行われようとする開発行為や特定事業について事前に届出義務を課したり、市長との協議や関係地域の住民への説明を義務付けたりしているのが一般的である。地方公共団体によって異なるものの、たとえば、一定規模以上の宅地開発、ゴルフ場業、廃棄物処理業、畜産農業、養殖漁業、鉱業、採石業・砂利採取業、飲食業、クリーニング業、メッキ業、写真現像業、旅館業、スキー場業といった行為や事業が対象となっている。このほか、特定事業者との間に水道水源保護協定を締結し、協定に違反した場合には指導・勧告、さらには氏名等の公表を行えることを規定している例や、水質保全推進員を設置して、水質悪化が懸念される行為等の情報収集・伝達、不法投棄の防止などの水質保全の推進を図るとしている例もある。また、水源の富栄養化の防止を目的とした条例として、滋賀県琵琶湖の富栄養化の防止に関する条例が有名である。同条例は、生活排水による水質悪化を防止するために、リンを含む家庭用合成洗剤の使用・贈与・販売の禁止を規定するなどしている。

(3)　**水道水源保護のための税**　地方公共団体のなかには、森林保全とあわせて**水源涵養**を含む水源保護を目的とした環境税を導入しているところが

➡ 12　**水源涵養**
森林の土壌が、降水を貯留し、河川へ流れ込む水の量を平準化して洪水を緩和するとともに、川の流量を安定させることに加えて、雨水が森林土壌を通過することにより、水質が浄化されることをいう。

ある。2003年に高知県で導入された森林環境税が最初であるといわれており、2024年度には34府県に広がっている。そのほとんどが県民税に上乗せする形で環境税を徴収し、その税収を基金に積み立て、森林の保全・整備のための費用に充てることで、二酸化炭素の吸収や水源涵養といった森林のもつ公益的な機能を守っていこうとするものであり、水源の水質そのものを守ることを目的としたものではない。そうしたなか、神奈川県の水源環境保全税（2007年度導入）や茨城県の森林湖沼環境税（2008年度導入）のように、森林保全に加えて、生活排水対策、地下水保全、湖沼・河川の水質保全に必要な事業費に税収を充てているところもある。地方公共団体では、水道水源となる公共用水域の水量の確保のみならず水質の保全を図るうえで、国レベルで森林環境税および森林環境贈与税が導入された後も、法定外目的税である環境税を引き続き活用する事例がみられる。

5　水質汚濁によって被害を受けたらどうしたらよいか？

　水質汚濁防止法は、工場・事業場における事業活動に伴う有害物質の汚水または廃液に含まれた状態での排出や地下浸透により、人の生命または身体を害したときは、加害事業者に損害賠償責任を課している。加害事業者に過失があったかどうかを問うことなく、有害物質の排水や地下浸透によって健康被害をもたらした場合には、損害賠償責任が認められるのである（無過失責任主義を採用している）。ただし、この損害賠償責任が認められるのは、工場・事業場における事業活動に伴う有害物質に起因する健康被害に限定される。生活被害や財産被害を被った場合や工場・事業場における事業活動以外の活動による被害を受けた場合には、民法709条の不法行為に基づく損害賠償請求を行うことになる。

　いずれの場合もいったん被害が発生すると被害救済は基本的には金銭でなされることとなり、また、当該被害を完全に回復するのは困難であったり、長時間を要する場合が多いことから、被害の未然防止が重要なのである。

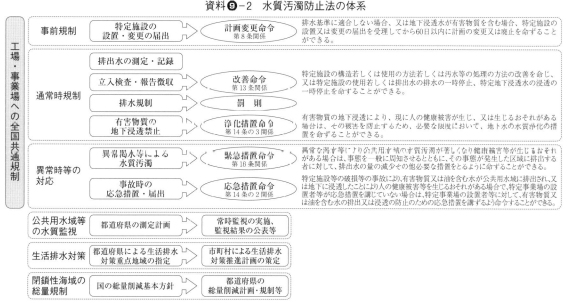

資料❾-2　水質汚濁防止法の体系

出所：http://www.env.go.jp/water/water_pamph/pdf/02.pdf（環境省「水・土壌環境行政のあらまし──きよらかな水・安心快適な土づくり──」）

「母なる大地」が汚されたら生きられない
▶ 土壌汚染

●1 足尾銅山鉱毒事件
1890年以後、足尾銅山から流出した鉱毒（銅）が、渡良瀬川流域に広がり、農作物や魚類に甚大な被害をもたらした事件。鉱毒被害に悩まされた農民らは鉱業停止などを求めて請願運動を展開した。1974年に公害等調整委員会によって調停が成立するまで80年以上の歳月を要した。

●2 イタイイタイ病
富山県神通川流域に発生した公害病であり、身体中の骨がもろくなり、折れる病気。患者が「痛い、痛い」と叫ぶことからこの名がつけられた。富山県の一部が公害健康被害の補償等に関する法律の第二種地域に指定された。

●3 土呂久ヒ素鉱毒事件
宮崎県西臼杵郡高千穂町の旧土呂久鉱山（亜ヒ酸を製造）周辺で発生した大気・水・土壌のヒ素汚染によって、養蜂業、シイタケ栽培、畜産業などが大打撃を受け、周辺住民が慢性のヒ素中毒となった事件。鉱山閉鎖後1971年以後社会問題となった。同町の一部が公害健康被害の補償等に関する法律の第二種地域に指定された。損害賠償請求訴訟が提起され、1990年に最高裁で和解が成立した。

●4 ラブ・キャナル事件
1978年にアメリカのラブ・キャナル運河跡で起きた有害化学物質による土壌汚染事件。化学企業が同運河跡に投棄した農薬等の化学廃棄物が、埋立て後20数年を経て地下水・土壌汚染を生じ、地域住民の流産件数が増大し、遺伝子異常も発生した。大統領は二度にわたり非常事態宣言を発した。これを契機に包括的環境対処・補償・責任法（スーパーファンド法）が制定された。

●5 揮発性有機化合物
常温・常圧で空気中に揮発しやすい有機化合物の総称。大気汚染、土壌汚染、地下水汚染の原因となる。発癌性があり、環境基準や排水基準が定められている。1970年代から農薬や、電機工場・半導体工場などでの洗浄剤として使用

> **設例** A社は長年B工場を操業してきたが、最近になってB工場の使用を廃止した。A社は、B工場が設置されてきた本件土地を売却しようとして整備していたところ、高濃度のカドミウムが発見された。A社は何をしなければならないだろうか。

1　土壌汚染はどのようにして問題となったのか？

わが国で土壌汚染は、明治期の足尾銅山鉱毒事件による農作物被害に始まるが、それが健康被害にまで及んだものとしては、1950年代後半からのイタイイタイ病事件、1971年以降に発覚した土呂久ヒ素鉱毒事件がある。どちらも農作物を通じて人の健康にまで被害が生じたものである。イタイイタイ病事件は、大正時代から昭和20年代にかけて同川の上流にある三井金属鉱業神岡鉱業所から排出されたカドミウムが下流の富山県婦負郡を中心とする水田、川泥等に蓄積され、それを飲料水、農作物、魚類等を介して摂取したことによる鉱毒事件であり、土壌汚染と水質汚濁の双方が原因となった。これについては被害者から損害賠償が請求され、裁判所はその請求を認めた（名古屋高裁金沢支部判決昭47年8月9日）。

市街地の土壌汚染については、やや古いものとして1975年の東京都江東区の化学工場跡地の六価クロム事件が有名であったが、1997年に東芝の名古屋工場での地下水汚染事件が内部通報された事件をきっかけに、各地で地下水汚染のみでなく、その前提としての土壌汚染が大きな関心を呼んだ。海外の市街地土壌汚染としては、アメリカのラブ・キャナル事件が著名である。

2　何が土壌を汚染するのか？：土壌汚染はどのようにして健康等の被害を生じるのか？

健康被害を及ぼす可能性のある土壌汚染は、大別して、トリクロロエチレンなどの揮発性有機化合物、カドミウム、鉛、ヒ素などの重金属等、シマジンなどの農薬等の3種類に分かれる。これらは、鉱業を含めた産業活動などによって人為的に発生するだけでなく、ヒ素のように自然界にもともと存在しているものもある。自然由来の汚染については「公害」とはいいにくいが、それによる人体へのリスクは、人為由来の汚染と変わらないという問題がある。

土壌汚染には、人に健康被害を及ぼす経路として、主に①汚染された農作物の摂取のような直接的経路と、②地下水の汚染等を通じた間接的経路がある。また、③土壌汚染は農作物の生育に対して被害を与えることがある。①農作物の汚染による「直接摂取」と③農作物の自体への被害については、農用地の汚染を問題としなければならない。②「地下水の飲用等によ

る摂取」については、農用地以外の土地（市街地）の汚染が問題となる。

3 土壌汚染は他の公害とどう異なるか？：市街地の土壌汚染に対する法律の制定が遅れたのはなぜか？

　土壌汚染は、水質汚濁、大気汚染のようなフローの汚染と異なり、ストックの汚染であるという特質がある。汚染の除去をしない限り、汚染が永久に持続するのである。したがって、土壌汚染についてはその未然防止だけでなく、汚染の除去等によって対策をとることが重要となるのである。

　しかし、このような土壌汚染について、**農用地の土壌の汚染防止等に関する法律**（農用地土壌汚染防止法）が制定されたのは1970年であるが、市街地の土壌汚染に関する法律が制定されたのは2002年であった。このように市街地の土壌汚染に関する法律の制定が遅れたのはなぜか。その要因のひとつは、汚染土壌の多くが私有地にあり、行政が規制をしたり対策をとったりすることに躊躇したことにある。

4 法律はどのように土壌の汚染を防止し、土壌の汚染の除去等をしようとしているのか？

　(1)　**土壌の汚染を防止する法律としてはどのようなものがあるか**　土壌の汚染を防止するための法律としては、水質汚濁防止法、**ダイオキシン類対策特別措置法**、廃棄物の処理および清掃に関する法律などがあげられる。特に、水質汚濁防止法は、排水規制や地下水汚染の規制および浄化によって、土壌汚染を未然に防止する役割を果たしている。なお、農用地については農用地土壌汚染防止法も、未然防止の規定を置いている。

　(2)　**土壌の汚染の除去等をする法律としてはどのようなものがあるか**　土壌の汚染の除去等をするための法律としては、農用地については、農用地土壌汚染防止法があるとともに、市街地については、土壌汚染対策法が制定されている（ただし、ダイオキシン類による汚染については、ダイオキシン類対策特

され、土壌に廃棄された。

➡6　**農用地の土壌の汚染防止等に関する法律**
特定有害物質（カドミウム・銅・砒素）によって農用地の土壌が汚染されることで、人の健康を損なう農畜産物が生産され、または農作物等の生育が阻害されることを防止することを目的とする。本法に基づいて都道府県知事は、農用地土壌汚染対策地域を指定し、あわせて同対策計画を定めることで特定有害物質による汚染の防止や除去を図る。なお、客土事業等については、公害防止事業費事業者負担法が適用される。

➡7　**ダイオキシン類対策特別措置法**
ダイオキシン類による環境の汚染の防止およびその除去等を図るため、ダイオキシン類に関する施策の基本となる基準として「耐容一日摂取量」の最低限度の値を設定し、これをもとにして大気、水質、土壌のそれぞれの汚染についての環境基準の設けるものとするとともに、大気および水への排出規制、汚染土壌に関する措置などを定めた法律。1999年に制定された。

資料⑩-1　土壌汚染対策法の体系

【調査】
・有害物質使用特定施設の使用の廃止時（調査が猶予されている土地の形質変更の場合に、届出・調査）
・3000㎡以上の土地の形質変更の届出の際に、土壌汚染のおそれがあると都道府県知事が認めるとき（ただし、操業中の事業場の場合、面積の裾切り要件を縮小）
・土壌汚染により健康被害が生ずるおそれがあると都道府県知事が認めるとき

土地所有者等（所有者、管理者又は占有者）が指定調査機関に調査を行わせ、その結果を都道府県知事に報告
【土壌の汚染状態が指定基準を超過した場合】

【区域の指定等】
①要措置区域
土壌汚染の摂取経路があり、健康被害が生ずるおそれがあるため、汚染の除去等の措置が必要な区域
→汚染の除去等の措置を都道府県知事が指示
→土地の形質変更の原則禁止

摂取経路の遮断が行われた場合

②形質変更時要届出区域
土壌汚染の摂取経路がなく、健康被害が生ずるおそれがないため、汚染の除去等の措置が不要な区域（摂取経路の遮断が行われた区域を含む。）
→土地の形質変更時に都道府県知事に計画の届出が必要

汚染の除去が行われた場合には、指定を解除

【汚染土壌の搬出等に関する規制】
・①②の区域内の土壌の搬出の規制（事前届出、計画の変更命令、運搬基準・処理基準に違反した場合の措置命令）
・汚染土壌に係る管理票の交付及び保存の義務
・汚染土壌の処理業の許可制度

別措置法の適用がある)。

以下では、土壌汚染の対策を図るための最も基本的な法律となっている土壌汚染対策法の仕組みについてみてみよう。

(3) 土壌汚染対策法の仕組みはどのようになっているか

(a)土壌汚染対策法は、有害物質による人の健康被害の防止を目的としている。

土壌汚染対策法では、前述の、地下水の飲用等による摂取と、汚染土壌の「直接摂取」に着目し、人の健康被害を生じるおそれがある「特定有害物質」として26物質を定めている。これは、先ほど触れた、揮発性有機化合物、重金属等、農薬等に分かれる。これらは、環境基本法に基づいて、人の健康を保護し生活環境を保全するうえで維持されることが望ましい基準としての土壌環境基準と、基本的に対応している。これらの26物質はどれも地下水に溶け出し、これを飲んだりすることによって健康を害するおそれがある物質である。また、重金属等の9物質については、汚染土壌の直接摂取による健康被害のおそれもある。

(b)土壌汚染については、まず、汚染状況についての調査が肝心である。この法律は、調査についての3つのきっかけを設けている。

第1に、使用が廃止された「特定有害物質」の製造、使用又は処理をする水質汚濁防止法の「特定施設」(「有害物質使用特定施設」という)の敷地であった土地について、その土地の所有者等は、環境大臣の指定を受けた調査機関(指定調査機関)に調査をさせ、その結果を都道府県知事に報告しなければならない(また、調査が一時免除されている事業場において土地所有者等が当該土地の掘削などをする場合には、都道府県知事に届け出なければならず、同知事は、汚染状況について土地所有者等に対し、指定調査機関に調査させて報告するよう命ずる)。

第2に、3000㎡以上の土地を掘削などする際に、土地の所有者等は都道府県知事に届け出なければならず、その際に、都道府県知事が土壌汚染のおそれがあるものとして環境省令で定める基準に該当すると認めたときは、土地の所有者等に対し、上記と同様に調査をさせ、その結果を報告することを命じることができる(なお、土地所有者等が先ず汚染状況について調査をしたうえで、土地の掘削などの届出とあわせて都道府県知事に提出することも認められる。また、操業中の事業場についても同様に土地所有者等に届出義務が課されるが、環境省令で面積の裾切り要件については、900㎡とされた)。

第3に、都道府県知事は、土壌汚染によって人の健康被害が生じるおそれがあるものとして政令で定める基準に該当すると認める土地については、やはり土地所有者等に対して、上記の調査をさせ、その結果を報告することを命じることができる。

第2点は、土壌汚染調査のきっかけを増やすために、2009年改正で導入された。第1、第2点の括弧内は2017年改正による。

(c)土壌汚染状況調査の結果、当該土地の土壌の特定有害物質による汚染状態が、「環境省令で定める基準に適合しない場合」(この基準は、**土壌溶出量基準**と**土壌含有量基準**である)には、都道府県知事は、次のどちらかの区域に指定する。さらに「人の健康に係る被害が生じるおそれがある」ものとして定められる基準に該当する場合には「要措置区域」、この基準に該当しない場合には「形質変更時要届出区域」にそれぞれ指定し、公示するのである。

➡ 8 **土壌溶出量基準**
土壌汚染対策法に基づく規制対象区域(要措置区域および形質変更時要届出区域)の指定の有無を決める汚染基準。土壌中の特定有害物質が地下水に移動し、特定有害物質を含んだ地下水を摂取する場合に健康に害を及ぼすことを防止する観点から特定有害物質ごとに定められている。基準を超える特定有害物質が1つでもあると同区域として指定される。

➡ 9 **土壌含有量基準**
土壌溶出量基準とともに、土壌汚染対策法に基づく規制対象区域(要措置区域および形質変更時要届出区域)の指定の有無を決める汚染基準。土壌中の特定有害物質を直接摂取することを防止する観点から、特定有害物質のうち重金属等ごとに定められている。

「要措置区域」に指定された場合、都道府県知事は、土地所有者等または原因者に対して、健康被害防止の観点から最低限必要な措置等を示して汚染除去等計画を提出するよう指示する（2017年改正による）。そして、これらの者が同計画に従って実施措置を講じていないと認めるときは、講ずることを命令できる。

「形質変更時要届出区域」に指定された場合には、掘削のように当該土地の形質を変更するときは、それを行う者に原則として届出義務が課される。

2種類の区域について、それぞれの台帳が調製され、土壌の汚染状態などについて記載する。台帳の閲覧は誰でも行うことができ、都道府県知事は、正当な理由がない限りこの閲覧を拒むことはできない。周辺住民や土地取引にかかわる者が台帳を見ることによって要措置区域等の情報を得ることができるし、土地改変・汚染土壌搬出の際に周辺住民が監視をして新しい環境リスクの発生を防止する可能性がある。なお、台帳の記載事項について、2017年改正では、区域指定が解除された場合に、措置の内容等とあわせて区域指定が解除された旨の記録を解除台帳（という別の台帳）に残すことにより、措置済みの土地であることを明らかにするとともにその閲覧を可能とし、土壌汚染状況の把握ができるようにした。

(d) このように、土壌汚染対策法は、汚染除去等の措置の実施について、行政自体が公共事業として行う方法ではなく、行政が土地所有者等、汚染原因者に命ずる方法を採用した。行政自体が汚染除去等を実施する方法は、行政のマンパワーや資金の限界からみてきわめて困難であるからである。

そのうえで、汚染の除去等の指示ないし命令は、土地所有者等に対して行うが、①汚染原因者が明らかであり、②汚染原因者に汚染の除去等を講じさせることが相当であり、③汚染原因者に措置を講じさせることについて土地所有者等に異議がないという3つの要件を満たした場合には、（土地所有者等ではなく）汚染原因者に対して行うこととした。3要件を満たした場合について汚染原因者を汚染の除去等の指示ないし命令の対象としている点

コラム⑩-1　自然由来の土壌汚染

自然由来の土壌汚染については、2002年の土壌汚染対策法では、規制の対象外とする扱いであったが、2009年改正の後、①改正法の下で、汚染土壌の搬出、運搬、処理に関する規制が導入されたことと、②健康被害の防止の観点からは、自然的原因によって汚染された土壌も人為的原因によって汚染された土壌と区別する理由がないことから、環境省は、自然由来の汚染土壌を法の対象とすることを通知で定めた。これによれば、自然由来の土壌汚染であっても規制対象区域として指定することになるが、実際には主に形質変更時要届出区域として指定することが想定されている。また、土地所有者等に調査の義務を課し、搬出汚染土壌については規制をすることになる。

もっとも、これに対しては2つの批判が生じた。第1は、自然由来汚染に対する規制という、国民の権利義務に直結する規制について、法律の規定なしに通知で行うことに対する批判である。第2は、自然由来汚染の土地について通常の形質変更時要届出区域と同じ規制が課されることに対する批判である。

第1の批判は根本的なものであり、2017年の土壌汚染対策法の改正により、自然由来汚染に関連する規定を導入することによって解決された。第2の批判に対しては、形質変更時要届出区域のうち、その区域の特性に応じて「自然由来特例区域」を設定し、その区域については、搬出を伴わない土地の形質変更については特に制約をしないことが省令で定められた。

で、原因者負担原則（本書❸参照）を重視しているとみられる。3要件が必要とされたのは、長い時間の経過のなかで土壌汚染が進行してきた場合、原因者が明確でないことは少なくないなど、ただちに原因者に対して汚染の除去等の指示ないし命令を行うことは難しいからである。

(e)搬出される汚染土壌の適正処理の確保のため、次の3つの規制が行われている。

第1に、要措置区域等の土壌を区域外に搬出することの規制としては、事前届出の義務、運搬基準違反の場合などの計画変更命令、措置命令の規定がある。計画変更命令および措置命令違反に対しては、1年以下の懲役または100万円以下の罰金に処せられる。

第2に、汚染土壌が適切かつ確実に運搬されるよう、汚染土壌を要措置区域等の外に排出する者は、「管理票」を運搬車1台につき1部準備してこれを交付し、交付者、運搬者、処分者がそこにサインをし、最終的には交付者に写しの一部が送付される「管理票システム」が採用された。この「管理票」の交付および保存が関係者の法律上の義務とされている。

第3に、汚染土壌の処理業を行おうとする者は、処理施設ごとに許可を受けなければならない。許可は5年ごとに更新を受けなければならない。汚染土壌処理業者は、処理基準に従わなければならず、その処理を他人に再委託してはならない。

処理基準に適合しない汚染土壌の処理が行われたときは、都道府県知事は、処理業者に対して改善命令を発することができる。また、許可の要件を満たさなくなった場合、不正の手段によって許可を受けた場合などには、許可の取消しまたは事業の全部もしくは一部の停止が命じられる。

(f)ここで2002年に制定された土壌汚染対策法の問題点について触れておきたい。その多くが今でも課題とされる点だからである。

2002年に制定された土壌汚染対策法には、特に重要な3つの問題点があった。第1は、法律に基づいて行われる土壌汚染調査が極端に少なく（2006年度には調査全体の2％）、多くは自主的な調査によるものだったことである。このような状況は、調査・対策に関する公平性、信頼性を失わせるおそれがあると考えられた。第2は、2002年の土壌汚染対策法の制定をきっかけとして、不動産市場において、まったく汚染のない土地を取引の対象として求める傾向が生じ、そのため、汚染除去等の対策の8割程度が掘削除去となってしまったことである。しかし、このような掘削除去偏重というべき傾向は、①掘削された汚染土が搬出される際、投棄され、環境リスクを増大させる危険性があること、②掘削除去のコストが盛土、封じ込めなどに比べて10倍程度に上ることから、土地所有者・原因者等が対策をとることが難しくなること、③②の結果、土地の売買がなされず放置される問題を引き起こすおそれがあることなどの問題があった。第3に、2002年のこの法律では、搬出された汚染土の関する規制が明確となっていなかったため、汚染土の処分が適正に行われない可能性があった。

この法律の2009年改正では、以上の3点に対して対応がなされた。第1点については法律に基づく土壌汚染把握の機会を拡大した。第2点については、掘削除去を減らすため、規制対象区域を、前述のように2つに区分し、対策が必要な区域は要措置区域のみであることを明確にするとともに、要措

置区域に指定したときは、実施が必要な対策を都道府県知事が明確に指示することとした。第3点については、(e)で触れた規制を導入した。

もっとも、少なくとも第1、第2点についてはなお問題は解決していない。

5 土壌汚染によって被害を受けつつある場合、付近住民はどのような請求ができるか？

■展開例　本件土地が所在するC県の知事は、本件土地を土壌汚染対策法の要措置区域として指定し、本件土地を所有するA社は、半年以内に汚染の封じ込めの措置をとることを内容とする汚染除去等計画を提出した。しかし、1年が経過しても、A社は資金繰りがつかないことを理由に、措置をとっていない。本件土地の付近住民Dらは井戸水を飲んでおり、その汚染を心配している。Dらは、誰に対してどのような請求ができるか（2017年改正法を前提とする）。

Dらには、民事訴訟と行政訴訟を提起する方法がある。

民事訴訟としては、第1に、Dらは、A社に対して自己の所有権や人格権に基づいて妨害排除請求をすることができる。この場合、判例によれば、Dらの被害が社会において受忍すべき限度を超えていることが必要とされているが、本件土地の土壌汚染が地下水を汚染する可能性を考慮して判断されることになる。一般的には、井戸水を飲んでいることは、重要な要素となる。

第2に、Dらは、もし損害が発生していれば、民法の不法行為の規定に基づいて損害賠償を請求することができる。健康被害が出ていれば医療費、収入の減少分が問題となるし、それ以外にも精神的損害に対する慰謝料、さらに土地の価格の下落についての財産的損害の賠償も問題となる。

行政訴訟としては、DらはC県知事に対して、A社に対する汚染除去等計画実施の措置命令を出すことを求めて義務付け訴訟を提起することが考えられる（本書❼参照）。この場合、訴訟要件として、原告適格のほか、「重大な損害を生ずるおそれ」があることが要求される。原告適格については、Dらが飲んでいる井戸がB工場からどの程度離れているかが考慮される。

コラム❿-2　汚染地の売買と瑕疵担保責任（契約不適合責任）

　物の売買において、物に何らかの欠陥（民法は「瑕疵」と呼んでいる）があったために買主が損害を被った場合、買主は売主に対して損害賠償を請求できることになっている（民法570条）。壺を買ったところ、中にきずがあることが後でわかった場合を考えてほしい。土地もここでいう「物」に該当する。

　Xは、自らがYから買い受けた本件土地の土壌がふっ素により汚染されていたため、その後施行された東京都条例に従い汚染拡散防止措置をとらざるをえなくなったことをもって、売買における土地の「瑕疵」にあたると主張し、損害賠償として、Yに対し、汚染拡散防止措置をとるのにかかった金額の支払いを請求した。最高裁（最判平22年6月1日）は、「売買契約の当事者間において目的物がどのような品質・性能を有することが予定されていたか」については「売買契約締結当時の取引観念」を考慮して判断すべきであり、「売買契約締結当時の取引観念上、それが土壌に含まれることに起因して人の健康に係る被害を生ずるおそれがあるとは認識されていなかったふっ素について、本件売買契約の当事者間において、それが人の健康を損なう限度を超えて本件土地の土壌に含まれていないことが予定されていたものとみることはできず」本件土地に瑕疵があったとはいえないとした。

　最高裁は、契約締結時の取引観念を基準として「瑕疵」の有無を判断する立場を示したものであり、2017年の民法改正（瑕疵担保責任と債務不履行責任を一元化）を先取りしたものといえる。ただ、たとえば、生命、身体、健康を損なう著しい危険が問題となる場合において、契約当時、関係者においては知見はあり、当事者も綿密に検討すれば当該危険について対処しえたが、市場における社会的認識とはなっていなかった場合はどうかなどの問題は残されていると考えられる（大塚直『環境法BASIC〔第4版〕』有斐閣、2023年、592頁）。

ゴミの管理をどうするか
▶廃棄物

> **設例** Aさんは、Y県の山間部の小さな集落に住んでおり、自然環境に恵まれた安全な生活環境の中で暮らしていた。しかし、近くに、B社が窪地を利用したゴミの最終処分場を設置し（汚水処理施設は設置されていないタイプである）、そこに化学工場から排出されたゴミを埋め立てるようになってからは、処分場から汚染水が漏れて、清流であった河川水の水質悪化をもたらしている。現在では、河川は濁っており、川遊びや魚釣りなども以前のように快適にはできない状況にある。また、この付近は水源地でもあり、Aさんは、井戸水を利用して生活しているため、健康被害のおそれも否定できない。

1 ゴミの管理の現状はどうなっているか

(1) ゴミの定義・種類・処理の現状 ゴミは、法律上（「廃棄物の処理及び清掃に関する法律（昭和45年法律第137号）」。以下、「廃掃法」という）、「**廃棄物**」とされ、管理の対象とされている。廃掃法では、廃棄物を**一般廃棄物**と**産業廃棄物**に分類し、一般廃棄物については市町村、産業廃棄物についてはそれを排出した事業者が処理責任を負うとしている。2022年の統計では、一般廃棄物は、約4,034万トン排出され、そのうち資源化されたものが約791万トン（リサイクル率は19.6％）、最終処分量は、約337万トンである。これに対し、産業廃棄物は、2021年の統計では、約3億7,382万トン排出され、そのうち資源化されたものが約2億372万トン（リサイクル率は54.2％）、最終処分量は、約875万トンである。

今日では、環境に大きな負荷をかける大量生産・大量消費・大量廃棄の経済活動は反省され、**循環型社会**を構築することが課題となっている。しかし、リサイクルが進捗しているとはいえ、大量生産・大量消費に伴う大量廃棄という経済・社会の構造は基本的に変化していないことが問題である。

(2) 廃棄物の不適正処理・不法投棄とその現状 廃棄物は、適正に管理しないと生活環境を汚染したり、公衆衛生上不適切な状況を惹き起こすため、廃掃法は、その収集、運搬および処分に関して処理基準（一般廃棄物処理基準については7条13項、産業廃棄物処理基準については12条1項・14条12項、以下、廃掃法の場合は条文番号だけで引用する）を設定して生活環境や公衆衛生に問題が生じないよう廃棄物の管理を行うこととしている。この処理基準などに違反する廃棄物の処理は、不適正処理と呼ばれ、これに対処するための**改善命令・措置命令**の対象となる。また、廃掃法は、何人もみだりに廃棄物を捨ててはならないとして、不法投棄を禁止し（16条）、その違反には厳しい罰則を設けている（以下では、不適正処理と不法投棄をあわせて、「不法投棄等」という）。しかし、廃棄物の不法投棄等は依然として発生しており、近年で

---

1 廃棄物
廃掃法では、「ごみ、粗大ごみ、燃え殻、汚泥、ふん尿、廃油、廃酸、廃アルカリ、動物の死体その他の汚物又は不要物であつて、固形状又は液状のもの（放射性物質及びこれによつて汚染された物を除く。）をいう」（2条1項）と定義されている。

2 一般廃棄物と産業廃棄物
廃掃法では、一般廃棄物は、「産業廃棄物以外の廃棄物」（2条2項）であり、産業廃棄物は、「事業活動に伴つて生じた廃棄物のうち、燃え殻、汚泥、廃油、廃酸、廃アルカリ、廃プラスチック類その他政令で定める廃棄物」および「輸入された廃棄物」（2条4項1号・2号）と定義されている。

3 循環型社会
循環型社会形成推進基本法では、①廃棄物等の発生抑制、②循環資源の循環的な利用および③廃棄物の適正処分がなされ、天然資源の消費抑制および環境負荷が最大限低減される社会をいうとされている（2条）。

4 改善命令・措置命令
改善命令は、処理基準に適合しない処理が行われた場合に、一般廃棄物のときは市町村長が、産業廃棄物のときは都道府県知事が、当該不適正処理を行った者に対して、処理基準を遵守するように処理方法の変更その他必要な措置を講じるように命じるものである（13条の3）。措置命令は、不適正処理で生活環境の保全上の支障又はそのおそれがある場合に、当該処理を行った者などに、その支障の除去や発生防止措置を命じるものである（19条の4、19条の4の2、19条の5、19条の6）。

は、**豊島事件**などの過去に行われたような大規模な不法投棄等は目立たなくなったものの、現在もなお、これら不法投棄等の対応に追われている。

設例では、汚水処理施設が設置されていないタイプの最終処分場が現場となっているので、後に述べるように、産業廃棄物の3種類の最終処分場のうち、安定型処分場が設置されていると考えられる。安定型処分場では、汚染物質を漏出しない安定5品目と呼ばれる廃棄物が埋め立てられることとなっている。しかし、本件では、本来は安定型処分場には捨てられない不法なゴミが捨てられているのであるから、産業廃棄物処理基準に違反する不適正処理が行われているということになる。

2　ゴミの適正な処理のための法の仕組みはどうなっているか

(1)　**ゴミの収集・運搬および処分に関する法の仕組み**　廃棄物の処理を市民の自由にまかせると適正な処理が行われず、まちにゴミが散乱したり、猛毒のダイオキシンが発生するゴミの焼却などが行われる可能性がある。そこで、国は、1970年に廃掃法を制定し、「生活環境の保全及び公衆衛生の向上」を図ることを目的として、廃棄物の「排出を抑制」し、廃棄物の「適正な分別、保管、収集、運搬、再生、処分等の処理」をし、ならびに「生活環境を清潔にする」という方策を採用することとしている（1条）。

▶**収集・運搬および処分の規制**　廃掃法は、廃棄物の処理が適切に行われるように、廃棄物処理施設と廃棄物処理業（収集運搬業・処分業）の許可制を採用している。市民の生活環境を保全し公衆衛生の向上を図るために、事業者の営業の自由を制限して規制をかけているのである。規制の仕方は、次のように一般廃棄物と産業廃棄物で異なっている。

(i) 一般廃棄物：一般廃棄物については、市町村が一般廃棄物処理計画を定めて、それに従って、収集・運搬および処分が行われる。市町村によるゴミ処理は、①直営方式（市町村が自らゴミ処理を行う）、②委託方式（民間業者に委託して処理する）、および③許可方式（一般廃棄物処理業の許可を受け

➡5　**豊島事件**
最初の大規模な不法投棄事案として知られる事件。1978年以来香川県小豆郡土庄町豊島にシュレッダーダスト（自動車破砕くず）のほか、汚泥、燃え殻、廃油等の産業廃棄物が投棄され、1990年に兵庫県警に摘発されるまで、継続された。この事件では、産廃特措法（下記➡12参照）の下で原状回復がなされ、2021年3月31日に、約91.3万トンに及ぶ廃棄物等について、約560億円をかけて処理を完了した。しかし、この廃棄物等の処理後も、汚染地下水の浄化が課題となっており、2024年3月現在、第2次豊島廃棄物等処理事業フォローアップ委員会の活動が継続している。

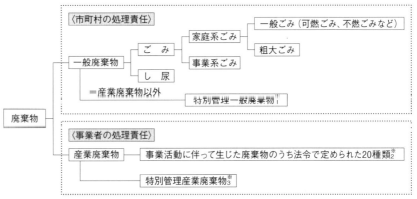

資料⓫-1　廃棄物の分類

廃掃法では、廃棄物は、大きく、一般廃棄物と産業廃棄物に分類されている。1991年の廃掃法改正で、両者について、特別管理廃棄物という区分が設けられている。

一般廃棄物については、さらに、ごみとし尿に区分することができ、ごみは、家庭から排出される家庭系ごみと事業活動に伴って排出される事業系ごみに分けられる。また、家庭系のごみは、一般ごみと粗大ごみとに分類できる。このような区分は、廃棄物の処理責任、規制方法、費用負担などを考える場合に有用である。

注1：一般廃棄物のうち、爆発性、毒性、感染性その他の人の健康又は生活環境に係る被害を生ずるおそれのあるもの
　2：燃えがら、汚泥、廃油、廃酸、廃アルカリ、廃プラスチック類、紙くず、木くず、繊維くず、動植物性残渣（さ）、動物系固形不要物、ゴムくず、金属くず、ガラスくず、コンクリートくず及び陶磁器くず、鉱さい、がれき類、動物のふん尿、動物の死体、ばいじん、輸入された廃棄物、上記の産業廃棄物を処分するために処理したもの
　3：産業廃棄物のうち、爆発性、毒性、感染性その他の人の健康又は生活環境に係る被害を生ずるおそれのあるもの
出所：環境省資料

● 6 産業廃棄物処理施設
産業廃棄物処理施設には、中間処理施設と最終処分場がある。前者は、焼却施設や破砕施設などの廃棄物の中間処理をする施設であり、後者は、廃棄物を埋め立てる施設である。産業廃棄物の最終処分場には、安定型処分場、管理型処分場および遮断型処分場の3種類がある。

● 7 二者契約の義務付け
廃掃法では、事業者が産業廃棄物の運搬または処分を他人に委託する場合には、運搬については産業廃棄物収集運搬業者その他環境省令で定める者に、処分については、産業廃棄物処分業者その他環境省令で定める者にそれぞれ委託しなければならないとして（12条5項）、二者契約を義務付け、事業者は処分業者と直接接触してその能力等を確認することが義務付けられている。

● 8 産業廃棄物管理票（マニフェスト）
マニフェスト制度は、排出事業者から最終処分業者にいたる産業廃棄物の流れを把握し最終的に適正な処分がなされたことを確認するための制度であり、1997年に、それまでは特別管理産業廃棄物にだけ適用されていたものがすべての産業廃棄物に拡大された。紙媒体と電子媒体のものがある。

● 9 排出事業者責任の拡大
2000年の廃掃法改正で、排出事業者は、不法投棄等がなされた場合に、当該不法投棄者等に資力がない場合または不十分な場合で、排出事業者が産業廃棄物の処理に関し適正な対価を負担していない場合などには、措置命令の対象者となることとされた（19条の6第1項）。これによって、排出事業者は優良業者に処理を委託することが期待されることとなった。

● 10 不良事業者の産廃市場からの排除
産業廃棄物処理業者の役員が禁錮以上の刑に処せられた場合など欠格要件に該当する場合、従来は、都道府県知事は、当該処理業者の営業許可を「取り消すことができる」というように裁量的なものであったが、2003年の廃掃法改正で、「取り消さなければならない」というように義務化され、不良業者については一律に産廃市場から強制的に排除されることとなった。

● 11 優良産廃処理業者認定制度
排出事業者が優良業者を選択する情報を提供し、同時に、優良業者の育成に資するように、2005年に、廃掃法施行規則で、産業廃棄

た者に処理させる）のひとつによりまたは組み合わせて行われている。一般廃棄物処理施設の設置には、都道府県知事の許可が必要である（8条）。ただし、市町村が設置する場合は、届出で足りるとされている（9条の3）。

(ii) 産業廃棄物：産業廃棄物については、市場原理に則り、排出事業者が自ら処理をしまたは委託をして処理することになっている。実際上は、許可を受けた収集運搬・処分業者に委託して処理することが多く行われている。収集運搬業および処分業の許可制が採用されているのは、収集運搬・処分業者の廃棄物処理の適正を図るためであり、**産業廃棄物処理施設**の設置をする場合も、安全な処理施設を確保するため都道府県知事の許可制による規制がなされている（15条）。

(2) 不法投棄等の防止に関する法の仕組み　廃棄物は、不要なものであり、費用をかけないで処理を行う誘因を常に抱えている。しかし、廃棄物の不法投棄は、市民の生活環境や公衆衛生に悪影響を与える最たるものである。また、収集・運搬および処分の過程において、廃棄物の適切な取扱いをしない場合は、市民の健康被害が発生する可能性もでてくる。そこで、廃掃法は、廃棄物の不法投棄等を予防するための方策を立てている。

▶**不法投棄の予防対策**　一般廃棄物の場合は、市町村が処理責任を有しており、特にゴミの無料処理が行われている場合は、一般的には、市民のゴミ排出あるいは収集・運搬および処分の過程における不法投棄の誘因はそれほど大きくないと考えられる。しかし、産業廃棄物の場合は、排出事業者が処理コストを負担するため、廃棄物処理の全過程のなかで、各主体が処理コストを下げようとする大きな誘因が働き（それ自体は経済行動として当然ではあるが）、それを背景として市民社会のルールから逸脱した不法投棄が発生する可能性が高くなる。従前は、少なからぬ排出事業者が、極端に低廉な処理費用で廃棄物の処理を委託していたため、「悪貨（不良業者）が良貨（優良業者）を駆逐する」産廃市場の形成が指摘されていたこともある。

その後、「産廃処理の構造改革」が行われ、様々な対策が追加された。従来からの対策としては、罰則・**二者契約の義務付け**および**産業廃棄物管理票（マニフェスト）**制度があり、また構造改革以降の対策としては、措置命令制度の拡充による**排出事業者責任の拡大**、**不良事業者の産廃市場からの排除**および**優良産廃処理業者認定制度**などがある。これらの対策や個別リサイクル法などの効果で、不法投棄の減少につながったと評価できる（資料⓫-2参照）。

▶**不適正処理の予防対策**　産廃の不適正処理については、従来、罰則のほか、改善命令と措置命令などで対応するという事後対応が行われてきた。しかし、事後対応だけでは、不適正処理の温床を解消することはできず、不法投棄対策と同様、「産廃処理の構造改革」を行う必要があった。他方、不適正処理は、多くの主体が関与する廃棄物の収集・運搬から処分に至る全過程での基準違反から生じるものであるため、その全貌を把握することが難しく、今後は、事実を精確に把握し対策を講じることが要請されている。

(3) 産廃の不法投棄等の原状回復に関する法の仕組み　産廃の不法投棄等は、「産廃処理の構造改革」や個別リサイクル法の整備などにより、減少傾向にある。しかし、不法投棄等がなくなっているわけではなく、過去の不法投棄等事案の後始末も継続している。

不法投棄等の原状回復に関する廃掃法上の仕組みとしては、措置命令と代